走进大学
DISCOVER UNIVERSITY

什么是
地质？

WHAT
IS
GEOLOGY?

U0244881

曾　勇　刘志新　主　编

申　建　陈尚斌　乔　伟　姜志海　杨　慧　徐智敏　副主编

大连理工大学出版社
Dalian University of Technology Press

图书在版编目（CIP）数据

什么是地质？/ 曾勇，刘志新主编. -- 大连：大
连理工大学出版社，2021.9（2024.6重印）
ISBN 978-7-5685-3008-8

Ⅰ.①什… Ⅱ.①曾… ②刘… Ⅲ.①地质学－普及
读物 Ⅳ.①P5-49

中国版本图书馆 CIP 数据核字（2021）第 074581 号

什么是地质？ SHENME SHI DIZHI?

策划编辑:苏克治
责任编辑:王晓历 裘美倩
责任校对:初 蕾 张 泓
封面设计:奇景创意

出版发行:大连理工大学出版社
　　　　　（地址:大连市软件园路 80 号,邮编:116023）
电　　话:0411-84708842（发行）
　　　　　0411-84708943（邮购） 0411-84701466（传真）
邮　　箱:dutp@dutp.cn
网　　址:https://www.dutp.cn

印　　刷:辽宁新华印务有限公司
幅面尺寸:139mm×210mm
印　　张:5.25
字　　数:88 千字
版　　次:2021 年 9 月第 1 版
印　　次:2024 年 6 月第 3 次印刷
书　　号:ISBN 978-7-5685-3008-8
定　　价:39.80 元

出版者序

高考,一年一季,如期而至,举国关注,牵动万家!这里面有莘莘学子的努力拼搏,万千父母的望子成龙,授业恩师的佳音静候。怎么报考,如何选择大学和专业,是非常重要的事。如愿,学爱结合;或者,带着疑惑,步入大学继续寻找答案。

大学由不同的学科聚合组成,并根据各个学科研究方向的差异,汇聚不同专业的学界英才,具有教书育人、科学研究、服务社会、文化传承等职能。当然,这项探索科学、挑战未知、启迪智慧的事业也期盼无数青年人的加入,吸引着社会各界的关注。

在我国,高中毕业生大都通过高考、双向选择,进入大学的不同专业学习,在校园里开阔眼界,增长知识,提升能力,升华境界。而如何更好地了解大学,认识专业,明晰人生选择,是一个很现实的问题。

为此,我们在社会各界的大力支持下,延请一批由院士领衔、在知名大学工作多年的老师,与我们共同策划、组织编写了"走进大学"丛书。这些老师以科学的角度、专业的眼光、深入浅出的语言,系统化、全景式地阐释和解读了不同学科的学术内涵、专业特点,以及将来的发展方向和社会需求。希望能够以此帮助准备进入大学的同学,让他们满怀信心地再次起航,踏上新的、更高一级的求学之路。同时也为一向关心大学学科建设、关心高教事业发展的读者朋友搭建一个全面涉猎、深入了解的平台。

我们把"走进大学"丛书推荐给大家。

一是即将走进大学,但在专业选择上尚存困惑的高中生朋友。如何选择大学和专业从来都是热门话题,市场上、网络上的各种论述和信息,有些碎片化,有些鸡汤式,难免流于片面,甚至带有功利色彩,真正专业的介绍

2

尚不多见。本丛书的作者来自高校一线,他们给出的专业画像具有权威性,可以更好地为大家服务。

二是已经进入大学学习,但对专业尚未形成系统认知的同学。大学的学习是从基础课开始,逐步转入专业基础课和专业课的。在此过程中,同学对所学专业将逐步加深认识,也可能会伴有一些疑惑甚至苦恼。目前很多大学开设了相关专业的导论课,一般需要一个学期完成,再加上面临的学业规划,例如考研、转专业、辅修某个专业等,都需要对相关专业既有宏观了解又有微观检视。本丛书便于系统地识读专业,有助于针对性更强地规划学习目标。

三是关心大学学科建设、专业发展的读者。他们也许是大学生朋友的亲朋好友,也许是由于某种原因错过心仪大学或者喜爱专业的中老年人。本丛书文风简朴,语言通俗,必将是大家系统了解大学各专业的一个好的选择。

坚持正确的出版导向,多出好的作品,尊重、引导和帮助读者是出版者义不容辞的责任。大连理工大学出版社在做好相关出版服务的基础上,努力拉近高校学者与读者间的距离,尤其在服务一流大学建设的征程中,我们深刻地认识到,大学出版社一定要组织优秀的作者队伍,用心打造培根铸魂、启智增慧的精品出版物,倾尽心力,服务青年学子,服务社会。

"走进大学"丛书是一次大胆的尝试,也是一个有意义的起点。我们将不断努力,砥砺前行,为美好的明天真挚地付出。希望得到读者朋友的理解和支持。

谢谢大家!

苏克治

2021 年春于大连

序

地质类专业主要包括地质学、资源勘查工程、地质工程、地球物理学、水文与水资源工程、地球信息科学与技术等专业,属于地球科学领域。现在,我国地质类专业已建设成为能够培养研究生、本科生和专科生的完整人才培养体系。地质类专业所培养的大量高素质人才已在地球科学领域的技术研发、工程设计、技术管理、教书育人等工作岗位发挥出了重要作用,同时也取得了较好的成绩,推动地球科学研究内容不断深入,研究水平不断提高。

近年来,我国在地球科学领域取得了辉煌的研究成果。古生物学中各种新物种的发现,深海探索不断取得突破,大陆深钻、青藏高原及珠峰顶地球物理探测、南极科考等均取得了引人注目的成就。然而,地球还存有许多未解之谜:地球上的水和氧气从何而来?地球核心由什么组成?生命是如何起源的?另外,还存在诸如寒武纪生命大爆发如何发生、板块运动何时开始、地震是否能够被准确预测等地学难题。这一切还需要年轻一代不断学习和努力探索。

本书概括性地介绍了地球的过去、现在和未来,以此为基础重点介绍地质类各专业的历史、办学条件、教学大纲、学科建设,以及各类人才的培养计划、科学研究、历炼成长,并提出了地学人的使命担当。期待本书能为有志于探索地球奥妙的青年学子提供丰富的地学知识和素材。

努力吧,学子们!伟大的事业在等待着你们!报考地质类专业,做一名有责任担当、有决心和勇气、有奋斗目标的地学人,为实现美丽中国、宜居地球、智慧地球的伟大目标努力奋斗!

中国地球物理学会理事

吉林大学教授

2021 年 9 月

前　言

　　地球是我们赖以生存的家园,她为我们提供了生存所需要的各种物质。她用慈母般的温情哺育了一代又一代人。当我们享受着地球给予的一切时,是否已经了解地球了呢?"地球,是什么样子的呢?"据宇航员介绍,他们在太空中遥望地球时,映入眼帘的是一个晶莹的球体,上面蓝色和白色的纹痕相互交错,周围裹着一层薄薄的水蓝色"纱衣"。地球是无私的,她向人类慷慨地提供矿物资源。"我和你,心连心,同住地球村⋯⋯"是的,我们目前只有一个赖以生存的家园,那就是地球。早在远古时期,人类就对地球产生了各种美丽的遐想,编织了许多绚丽多彩的传说。现在地球已经经历了 46 亿年的岁月,探究地球在其漫长的地质历史时期是如何保持宜居环境的,这是一个十分严肃和有趣的科学问题。

本书以"探索地球奥秘、建设美好家园"为主题,共分为五部分。第一部分采用科普方式描绘了地球生物的起源、地球构造和岩石的演化,从地质的角度分析了目前我们所面临的几个重要问题,并展示了深海、深地及深空等在未来的发展愿景,让读者对我们赖以生存的地球有初步的认知。第二部分以地质类专业发展为背景,重点介绍资源勘查工程、地质工程、地球物理学、水文与水资源工程和地球信息科学与技术五个地质类专业的起源、现状及发展趋势,使读者对地质类各专业有较为系统的了解。第三部分和第四部分通过对地质类专业人才培养及成长过程相关信息的分析描述,与读者一起分享了地质类专业的教学大纲、学科建设,以及专业人才培养计划、历练成长等内容。第五部分从建设美好家园的角度出发,介绍了地质类各专业在勘天查地服务宜居地球、探矿寻宝服务活力地球、探灾治灾服务安全地球、探水用水服务美丽地球和融聚信息服务智慧地球等方面所扮演的主要角色,重点介绍了地质类专业人才的使命担当。

本书由中国矿业大学曾勇教授、刘志新教授任主编,申建教授、陈尚斌教授、乔伟教授、姜志海教授、杨慧教授和徐智敏副教授任副主编。本书在编写的过程中得到了中国矿业大学资源与地球科学学院各位老师的大力支持,在此一并表示感谢。感谢吉林大学殷长春教授为本书题序。

由于编者水平有限,书中难免出现疏漏之处,诚挚地希望读者提出意见与建议。另外,本书参阅了相关文献和史料,在此谨对相关作者一并表示感谢。

编　者
2021 年 9 月

目　录

宜居地球的过去、现在与未来

> 我们要仰望星空，而不是始终盯着自己的脚。
>
> ——霍金

地球上有着多种多样的生命，从地衣到参天大树，从贝壳到海豚，从麻雀到老鹰，等等，它们都在用自己的生存方式勾勒我们的星球蓝图。而追根溯源，地球上的生命体究竟在何处产生和如何产生？有些人认为是地球以外的有机体，通过陨石等载体来到地球，开始了地球生物的演化。而多数人认为地球生命是地球上的无机物在特殊的物理化学条件下形成了有机化合物，这些有机化合物又聚合形成了蛋白质等生物大分子，许多不同的生物大分子聚合形成了具有生命特征的多分子体系，从而开始了生命的进化阶段。

▶▶宜居地球的过去

只有了解地球宜居性的形成过程，才能预测和保护地球的未来。研究地球宜居性需要了解圈层动力过程与地球生命演化过程，下面从地球生物的起源、地球构造历史的演化和地球岩石的演化三个方面来介绍。

➡➡地球生物的起源

生命的进化一直遵循着由无到有、由简单到复杂和由低等到高等的变化规律。地球的形成距今大约 46 亿年，而在地球形成的初始阶段，地球表层是高温的岩浆洋，不能为生命体的生存提供合适的环境。地球表层慢慢冷却以后开始形成古老岩石，目前已知最古老的地质记录是 38 亿年的变质岩，所以在这个时间范围内发现的都是生命体存在于地球的间接证据，例如一些可能是生物作用遗留和保存下来的矿物颗粒特殊排列形态等。可靠的生命记录要在距今 35 亿年以后才出现，以蓝细菌为代表的单细胞原核生物的产生标志着地球生物演化的开始。之后经历了漫长的原核生物和真核生物的繁盛阶段,真后生多细胞生物在距今 6 亿多年的埃迪卡拉纪才开始出现,例如,我国的蓝田生物群、瓮安生物群和澳大利亚的埃迪卡拉生物群。这些生物的身体已经是由具有特殊功能的多细胞构成的,就像一个三明治,外面有两层细胞,液体填充物由结构纤维细胞支撑,可以在海底进行觅食、消化和繁殖等活动;但是它们仍旧缺少支持身体的骨骼,所以这些生物只能在机缘巧合下通过特异埋藏的方式来表达它们的演化经历。我国多个埃迪卡拉纪晚期生物群都发现了可能是动物化石的生物类群,但是研究动物起源最主要的证据目前还是来自寒武纪早期著名的寒武纪生命大爆发事件,例如我国的澄江动物群。除了奇迹般的特异埋藏类型外,这个时期带壳动物大量出现,它们更容易保存为化石记录。这些不同的动物类群形态悬殊度高,但物种多样性低,几乎包含了后续动物演化中所有门一级的分类单元,构成了动物分类的基本框架。

经过寒武纪早期的生命大爆发阶段,地球生物开始了全面发展,但远远不像我们现在看到的这样种类繁多。寒武纪的海洋里一直都是以三叶虫为代表的节肢动物的天下,直到奥陶纪早期才出现了与现生鱼类形态比较类似的鱼。这个时期的鱼还没有进化出上、下颌,所以可能只能过滤水中的有机物作为食物来源,现代鱼类的直接祖先盾皮鱼要到志留纪晚期才出现,但是这类鱼身上仍然披着厚厚的骨甲。长有四条腿的陆地动物在泥盆纪晚期开始出现,它们属于两栖类,仍然不能摆脱对水环境的依赖。真正的陆生爬行动物在石炭纪才出现,就此奠定了陆生动物繁盛的基础,并在中生代占据了地球生物的绝对统治地位,在三叠纪末期和侏罗纪末期分别演化出了更为高级的哺乳类和鸟类,此时现生陆地动物的高级分类单元已经全部出现了。而开花植物在白垩纪早期才姗姗来迟,地球生物也开始进入了有花的世界。影响地球生命演化的最后一件大事是距今 440 万年的上新世人类的出现,此时距离寒武纪生命大爆发已经超过 5 亿年了。现代人的出现距今仅仅 20 万年,如果将地球形成之后的 46 亿年比喻为 24 小时的话,人类终于在最后 1 分 34 秒登上了地球生命的历史舞台。

然而,地球生物的演化并不像我们讲述得这么一帆风顺,曾经在地球上生存过的数十亿种生物,98％以上都已经灭绝了,而且永远不会再次出现。它们或是在自然界的竞争中没能获有一席之地,或是很不幸运地遇上了地质历史时期大大小小的集群灭绝事件而与很多物种同时消失。据统计,自寒武纪生命大爆发以来,物种灭绝数量占全球物种总量75％以上的次数就有五次,地质学家将它们称为五次全球生物大灭绝事件。第一次全球生物大灭绝事件发生在奥陶纪末期,全球生物物种灭绝率达85％,很多科一级的分类单元整体从地球上消失。第二次的泥盆纪末期全球生物大灭绝事件对海洋动物是一次巨大的打击,大约82％的物种灭绝,也造成了寒武纪动物群基本消失。第三次,也是地球上最为严重的一次全球生物大灭绝事件发生在二叠纪末期,造成大约95％的海洋生物和75％的陆地生物灭绝,大量物种的灭绝为后来的新生生物提供了充足的生态空间,由此开启了中生代陆地爬行动物空前繁盛的时期。因此,灭绝过后也意味着新生,发生在三叠纪末期的第四次全球生物大灭绝事件给恐龙提供了绝佳的机遇,恐龙在三叠纪晚期出现以后迅速统治整个陆地生态系统,并将生态领域扩张到了天空和海洋。第五次全球生物大灭绝事件发生在距今6 500万年前的白垩纪末期,是地球史上第二大全球生物大灭绝事件,75％～80％的物种灭绝。最后,经过新生代6 600万年的不断演化,形成了我们当今地球上哺乳类主导的花果世界。图1为地球历史及地质时代划分的生物进化。

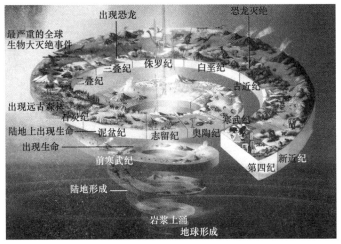

图 1　地球历史及地质时代划分的生物进化

→→地球构造的演化

　　像生物一样,星球也有幼年期、少年期、青年期、中年期和老年期。虽然地球年龄已有约 46 亿年,然而在星球界,地球正处于充满青春活力的时期。正是这种活力,使得地球适于生物的生存。早期的地球经历了核幔分异、地月分离等重大事件,那时它"脾气火爆",它的表面分布着岩浆洋。在现今西澳大利亚杰克山(Jack Hills)发现的约 44 亿年的锆石和加拿大阿卡斯塔(Acasta)发现的约 40 亿年的片麻岩证明在那时地球就已演化出了大陆地壳。以陆核为中心,通过垂向和侧向增生,大陆地壳逐渐"生长"。例如,北美大陆就是以加拿大地盾为陆核向外逐渐增生的;我国湖北宜昌三峡附近的崆岭杂岩是扬子板块的陆核,出露了扬子板块最老的岩石。

随着地球的演化,地球启动了板块构造机制并延续至现今。在地球46亿年的历史中,板块俯冲起始是近年来被热烈讨论的话题之一。在太古代是否存在板块构造机制仍然悬而未决,但是,在元古代广泛存在板块构造机制是毫无争议的。在板块起始的动力学机制方面,目前有大洋和大陆岩石圈密度差驱动、地幔柱驱动、天外飞体的大撞击驱动等几种观点。

在地球演化过程中,全球曾多次存在过超大陆,即多个陆块汇聚组成一个统一的超级大陆。地球历史上曾存在过全球规模的三个超大陆:哥伦比亚(Columbia)超大陆、罗迪尼亚(Rodinia)超大陆和潘基亚(Pangea)超大陆。其中,潘基亚超大陆是由南半球的冈瓦纳大陆和北半球的劳亚大陆聚合而成的。根据现今的板块运动速率,2.5亿年后,全球各大陆可能再次聚合形成一个新的超大陆——亚美西亚超大陆(Amasia),而东亚将成为这个超大陆的几何中心。地球一直在上演着"合久必分,分久必合"的故事。有超大陆形成,那么就必然也有超大陆裂解，即所有的板块向着分离的方向运动。或者说，一个超大陆的裂解其实代表了另一个超大陆的孕育。

现今，板块仍然无时无刻不在运动。对中国大陆而言，中国西部巍峨的高山正是多个板块相互碰撞的结果。法国构造地质学家马托耶（Mattauer）曾将中国西部盆山演化比喻成一次严重的"交通事故"。这次"交通事故"起始于印度-亚洲碰撞事件，这是新生代地球上最为壮观的地质事件，形成了壮观的青藏高原。青藏高原是世界上最高、最大、最厚、最新的高原，是一个正在快速隆起的大陆地块。青藏高原平均海拔约 4 000 米，是世界上平均海拔最高的高原，被称为"世界屋脊"和"地球第三极"。青藏高原周缘高峻陡峭，而高原内部则广阔平坦、一望无垠。青藏高原的形成开始于 5 000 万～6 000 万年前的印度-亚洲碰撞。南北方向有约 1 500 千米的缩短量由地壳增厚来吸收，因此青藏高原的地壳厚度是正常地壳厚度的 2 倍，并形成了巨大范围的新生代陆内变形域。

➡➡地球岩石的演化

相信大家在生活中经常可以看到路边的小石头，或者是公园里的假山岩石。接下来，我们要带大家了解一下地球岩石的形成。岩石一共分为三大类，分别是沉积

8

岩、变质岩和岩浆岩。在进入岩石的世界之前,我们先来了解一下岩浆吧。

✜✜什么是岩浆?

我们把产生于上地幔和地壳深处,含挥发成分的、高温黏稠的、主要成分为硅酸盐的熔融物质称为岩浆。

✜✜什么是岩浆喷发?

岩浆喷发是一种奇特的地质现象,是地壳运动的一种表现形式,也是地球内部热能在地表的一种强烈的显示。由于岩浆中含大量挥发分,加之上覆岩层的围压,这些挥发分溶解在岩浆中无法溢出;当岩浆上升靠近地表时,压力减小,挥发分被急剧释放出来,形成岩浆喷发。

✜✜岩浆岩知多少?

岩浆岩又叫火成岩,是组成地壳的基本岩石,它是岩浆的活动产物。岩浆活动有两种:一种是岩浆从火山口喷出地表,迅速冷却凝固变成岩石,这样形成的岩石叫喷出岩,地壳中最常见的喷出岩是玄武岩[图2(a)];另一种是岩浆从地球深处沿地壳裂缝处缓缓侵入,在周围岩石的冷却挤压之下,固结成岩石,这样形成的岩石叫侵入岩,地壳中最常见的侵入岩就是花岗岩[图2(b)]。大多数岩浆岩都是很好的建筑石材,可以给人类带来便利。

(a)玄武岩　　　　　　　(b)花岗岩

图2　岩浆岩

❖❖❖沉积岩知多少？

在地球表层,75%的岩石是沉积岩,但是在整个岩石圈,沉积岩只占了5%左右。可别小看这5%,它们蕴藏着全部世界矿产资源的80%,包括能源(石油、煤等)、金属和非金属矿产,还有蕴藏着远古信息的化石(图3)。沉积岩是由风化的碎屑物和溶解物质经过搬运作用、沉积作用和成岩作用而形成的。沉积岩具有明显的特征,如层纹理,常含化石、干裂、孔隙、结核等。沉积岩的形成过程比较复杂,在这个过程中产生了很多绚丽多彩的自然景观(图4),如著名的喀斯特地貌等。

❖❖❖变质岩知多少？

在这里,变质的意思是岩石从一个种类变成另一个种类。地壳中先形成的岩浆岩和沉积岩,在环境温度和压力发生变化时,其矿物成分、结构以及构造发生变化,形成了变质岩。它有很多的形态和种类,而且在生活中

（a）能源（石油）

（b）能源（煤）

（c）金属元素（黄铁矿）

（d）稀有元素（绿铀矿）

图3　沉积岩中的矿产资源

（a）喀斯特地貌（钟乳石）

（b）喀斯特地貌（石林）

（c）丹霞地貌

图4　绚丽多彩的自然景观

也非常常见。它的岩性特征既受原岩控制,具有一定的继承性;又因经受了不同的变质作用,在矿物成分、结构和构造上又具有新生性。比如,变质岩往往会出现一种薄片状、长条状的花纹,地质上称为重结晶的片理构造。

变质岩根据形成条件可以分为热接触变质岩、区域变质岩和动力变质岩。岩浆沿地壳的裂缝上升,停留并侵入围岩之中,高温使围岩在化学成分基本不变的情况下,分子结构发生重组而形成热接触变质岩,这一过程主要与温度有关。区域变质岩是指很大范围内的环境因素,如温度、压力、流体等都发生变化,在这种条件下进行变质作用形成的变质岩。动力变质岩是由地壳构造运动所引起的局部地带的岩石发生变质所形成的变质岩,主要与压力有关。变质岩在中国各地分布很广,地壳最古老的地块几乎都是由变质岩构成的,很多褶皱山脉,比如天山、昆仑山、祁连山等都有走向一致的变质岩带分布。变质岩大部分埋藏在地壳深处,在强烈的地质变化中才会出露地表。

石灰岩受热变质后会变成大理岩,图5(a)所示的厨房台面就是大理岩。纯大理岩呈白色,它自古就被人们拿来修房子和做雕塑艺术品,最著名的莫过于如图5(b)所示的意大利雕塑家米开朗基罗的作品,现收藏于意大利佛罗伦萨美术学院的雕塑《大卫》。泥岩、页岩变质后形成板岩,它具有不透水的特性,且易裂为薄板,可以作为屋顶使用,如图5(c)所示。变质岩还具有其他实用价值,许多矿产,比如铁、金、石墨、滑石、石棉等都与它密切相关。

（a）厨房台面（大理岩）　　　　（b）雕塑《大卫》（大理岩）

（c）板岩屋顶

图5　人类与变质岩

❖❖地壳的物质循环——三大岩的转化

一般情况下,当温度超过650 ℃时,变质岩就开始熔融变成岩浆,岩浆冷凝后形成岩浆岩,岩浆岩可通过变质作用形成变质岩。沉积岩在地壳升降运动中深埋地下时，也会在地下深部通过变质作用形成变质岩，当温度更高时熔融变成岩浆，岩浆冷凝后变成岩浆岩。岩浆岩或变质岩在地表经历风化、剥蚀、搬运、沉积、固结等一系列外力地质作用而变成沉积岩。这就形成了三大岩类的相互转化（图6）。

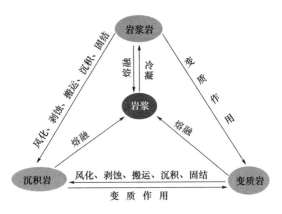

图6　三大岩的相互转化

▶▶宜居地球的现在

　　地质、水资源和地球信息科学三个方面的问题是促进人类与地球环境协调共处的重大课题，一直受到国内外地质学界的高度关注。

➡➡ 地质方面的问题

✤✤ 地质灾害类问题

地质灾害,简称地灾,是指在自然或者人为因素的作用下形成的、对人类生命财产造成损失的、对环境造成破坏的地质作用或地质现象。我国地质地理条件复杂,气候条件时空差异大,是地质灾害,特别是突发性地质灾害(滑坡、崩塌、泥石流等)多发国家,是世界上地质灾害最严重的国家之一。我国地质灾害种类齐全,按致灾地质作用的性质和发生处所进行划分,常见地质灾害共有 12 类 48 种,如地震、火山喷发、崩塌、滑坡、泥石流、地面塌陷、地裂缝、瓦斯爆炸、突水等。

在所有的地质灾害中,除地震灾害外,崩塌、滑坡、泥石流灾害是最为严重的,其以分布广、突发性和破坏性强、具有隐蔽性及容易链状成灾为特点,每年都造成巨大的经济损失和人员伤亡。另外,土地沙(漠)化、地面沉降和水土流失等缓变型地质灾害发展迅速,危害愈来愈大,成为令人担忧的地质灾害。

✤✤ 元素与健康问题

元素与人体健康有着重要的联系,有益元素的摄入对机体的正常发育起到积极的作用。然而，有一些元素对人体是有害的，例如，重金属元素砷、汞、铅等。煤源污染是全球主要的污染源之一。燃煤造成的煤烟型污染，不仅可能造成酸雨，而且易挥发性元素汞、砷和硒更容易在燃烧过程中以气态迁移到大气中。除了常规性有害元素外，一些煤中含有放射性元素，例如铀，伴生放射性煤矿如铀锗矿床的开采会引起区域放射性安全问题。在煤炭加工和利用过程中，这些有害元素可能以不同形式运移至大气圈、水圈或土壤圈，从而危害人类和其他生物的生存安全。

❖❖❖ 环境污染类问题

地球浅表，特别是位于陆地表面的地质环境，是人类生存、繁衍和生息的场所，是人类目前唯一的家园。但是，大气污染、水体污染、固体废弃物污染等环境污染问题频频发生。环境污染是由于人为因素造成的环境状态发生变化，环境素质下降，从而扰乱和破坏生态系统和人们正常的生产、生活。

人类的生产、生活产生的城市垃圾、生活垃圾、工业固体废物等固体废弃物一旦处置不当，就会对环境和人体健康造成巨大危害。矿物燃料燃烧排放出来的硫氧化物、氮氧化物及其盐类形成的酸雨使得土壤酸化、贫瘠，城市建筑遭受腐蚀。全球荒漠化和沙化的进程因为植被破坏、过度放牧、流水侵蚀等因素逐年加速,这反过来直接导致区域性水土流失、生物灭绝、生态系统崩溃。工业采伐、农业扩张、采矿、森林火灾等造成全球森林面积锐减。所有的环境污染问题又都使得地球上生物多样性减少,动摇的是地球生命的基础,影响的是人类家园的活力。

❖❖❖温室效应类问题

温室效应是指透射阳光的密闭空间由于与外界缺乏热对流而形成的保温效应。太阳短波辐射可以透过大气射入地面,而地面增暖后放出的长波辐射却被大气中的 CO_2 等气体吸收,从而产生大气变暖的效应。大气中的 CO_2 等气体就像一层厚厚的玻璃,使地球变成了一个大暖房,如图 7 所示。

地球大气中起温室作用的气体被称为温室气体,主要有 CO_2、CH_4、O_3、N_2O、氟利昂以及水汽等。温室效应主要是由于现代化工业社会燃烧煤炭、石油和天然气产生的,以及大量排放的汽车尾气中含有的 CO_2 气体进入大气造成的。CH_4 是仅次于 CO_2 的重要温室气体。它在大气中的浓度虽比 CO_2 小得多,但增长率则大得多。

宜居地球的过去、现在与未来

例如水田、堆肥和畜粪等都会产生沼气。CO_2 以外的其他温室气体在大气中的浓度虽比 CO_2 小得多，但它们的温室效应却比 CO_2 强得多。

图 7 温室效应

因此我们竭尽所能采取对策减缓温室效应，尽量抑制全球变暖的趋势。例如，全面禁用氟氯碳化物，保护森林，减少汽车尾气排放，改善能源使用效率，减少化石燃料如煤炭和石油的利用，增加天然气的使用，鼓励使用太阳能、风能、核能等清洁能源，同时进行 CO_2 的地质埋存，直接减少大气中的 CO_2 含量，如图 8 所示。

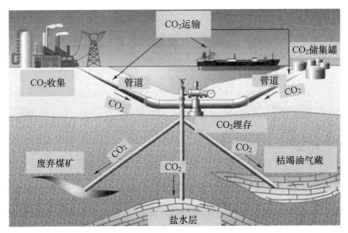

图 8　CO_2 地质埋存

❖❖工程地质灾害问题

地球是人类生存和发展的家园,人类的工程活动和地质环境之间联系密切。

伴随着城市化的快速推进及经济的高速发展,大型建筑群以及轨道交通的建设、地下空间的开发利用、矿产资源的地下开采等工程建设的影响范围越来越大。例如,由于水资源过度开采引发的大面积的地面沉降,进一步导致了土质疏松与交通等问题。公路、铁路、机场的兴建也会引发各种地质问题。如果在建设过程中没有给予地质条件足够的重视,遇到流沙、淤泥等特殊地质环境的

宜居地球的过去、现在与未来

概率会明显增大，继而对建筑物的安全产生严重的影响。除此之外，矿洞的反复以及不合理开采导致崩塌、滑坡以及地面塌陷等问题；生活或工业垃圾、废弃物不及时合理地处理，长时间堆放造成地表水和地下水污染及地基侵蚀问题；受到污染的工业废水、废料不正确处理和排放造成土石和良好水源的污染问题；工业废渣不正确堆放造成滑坡、泥石流灾害的问题；等等。在城市中，人口密集，经济活动频繁，一旦发生地质灾害或是环境事故，后果往往比较严重，会造成较大的经济损失和社会影响。综上所述，地质问题的严重性需要引起人们的重视，我们要做到防患于未然，时刻敲响警钟，落实可持续发展理念。对于造成的危害，要及时地进行补救，以免环境进一步恶化。

➡➡水资源方面的问题

水资源方面的问题包括区域地下水位下降、地下水污染、采水型地面沉降、地裂缝、岩溶地面塌陷和矿山水害等。

✥✥区域地下水位下降

由于经济建设的发展、人口的增长及生活水平的提高，人们对水的需求量明显增大。在整个含水层或含水层的某些地段上，由于地下水的开采量长期超过了补给量,逐渐消耗了永久储存量,并在一定补给周期内得不到恢复,形成了区域地下水位的持续下降。而地下水位持续下降的最终结果,就是形成大面积的地下水降落漏斗,许多重要泉域的泉水消失,进而影响当地的自然及生态环境,造成当地的严重缺水现象。

❖❖地下水污染

随着工业废水、生活废水的无序排放,化肥、农药及垃圾等污染物质的下渗直接导致地表或土壤污染。同时,也使得地表水体、地下水体的污染越来越严重。当前,水环境是受人类活动干扰和破坏最严重的领域,水质的污染使本就有限的水资源进一步短缺,造成水质性缺水。地下水的污染是一个长期的过程,地下水一旦被破坏,其修复与治理将是耗资巨大且漫长的一个过程。在世界许多地方,地下水环境的污染与破坏已经成为人类不得不正视且亟须解决的问题。

❖❖采水型地面沉降、地裂缝及岩溶地面塌陷

采水型地面沉降是指某一区域内由于开采地下水或其他地下流体导致的孔隙水压力降低、地表浅部松散沉积物压实或压密引起的地面标高下降的现象。大量研究证明,过量开采地下水是地面沉降的外部原因,中等、高压缩性黏土层和承压含水层的存在是地面沉降的内因。

在过量开采地下水引发地面沉降的过程中,若含水层组固结压缩不均匀,在固结沉降区的边缘就会形成较高的形变梯度,即差异沉降,从而引发地表岩土体开裂,并在地面形成一定长度和宽度的裂缝,这就是地裂缝。地裂缝在形成和扩展过程中对原有地形地貌的改变,对地下水补给、径流和排泄条件的影响及对土层天然结构的破坏作用,均会引发一系列诸如潜蚀、湿陷、地面沉降或崩塌等次生地质灾害,而这些次生地质灾害又会对地裂缝的活动性产生激发作用,从而形成恶性循环。

岩溶地面塌陷是指覆盖在溶蚀洞穴之上的松散土体,在外动力或人为因素作用下产生的突发性地面变形破坏。岩溶主要发育和形成于碳酸盐岩、钙质碎屑岩和盐岩等可溶性岩石中,当岩溶发育到强烈或中等程度,且受到降雨、洪水、干旱和地震的激化影响,或者受到当地的抽水、排水、蓄水和工程活动影响时,就会发生岩溶地面塌陷。在城市地区,岩溶地面塌陷常常造成市政设施的损坏,严重威胁着人民生命财产的安全。

❖❖❖ 矿山水害

不合理的矿山开采往往带来矿山水害事故。不同形式的地表水、断层水、陷落柱水、含水层水、老塘水等以各种通道进入矿井空间,有时会恶化生产条件,严重的将导致淹井、淹面及人员伤亡，带来不可估量的损失。而规模巨大、长期开采的矿山，对水资源的破坏程度尤其巨大，会导致矿区地下水位下降、泉水枯竭和河流断流等，严重影响着人们的生产和生活。

➡➡ 地球信息科学方面的问题

地球的现在是什么样的？从地球信息科学的角度出发，我们主要关注以下两个方面。

❖❖❖ 矿产资源预测

人类目前对地球上矿产资源的开发其实极为有限，受限于科学技术与设备，我们往往只能获取地球浅表部资源，好在这并不影响我们对地球深部资源进行预测。传统地质学通过野外踏勘、钻探、地球物理、地球化学等方法积累了第一手地质数据，而地球信息科学则可以利用这些数据进行各种数学分析，在看似无规则的地质数据中找到其深部潜藏的规律，将古论今，完善或丰富现有的地质学理论，在尚未进行实地验证的深部或难以到达的区域规划矿产资源远景区。当然，基于地球信息科学的矿产资源预测并不能替代传统地质学，而是基于传统地质学，其根本目的在于尽量减少矿产资源勘探中的风险，降低勘探成本，在寻找资源的同时节约资源。

✤✤ 地理大数据与人工智能

随着"互联网＋"的发展,越来越多的数据能够被统筹规划。相对于以往而言,资源配置与交换以及地质灾害预警的效率得到了有效提升。从某种程度而言,人类生活在地球表面,任何人类活动都有其地理意义,绝大多数数据都能够被归类在地理大数据中并进行分析。当前,地理大数据与人工智能正在高速发展,有许多问题已经能够利用相关技术来解决。但由于各种各样的原因,人工智能仍然不够完善。如何让地理大数据与人工智能真正充满智慧,有效且准确地服务于人类的生产与生活,也是地球信息科学眼下急需解决的重要问题之一。

▶▶ 宜居地球的未来

翻开历史长卷,可知文明兴衰。一部人类文明史,也是一部人与自然的关系史。

➡➡ 深海、深地及深空研究的未来

探究地球在几十亿年间如何保持宜居的环境是一个有趣的科学问题,这就需要我们更好地了解地球。了解地球,需要掌握地质工程、资源勘查工程、地球物理学、水文与水资源工程等专业基础知识,并利用这些专业基础知识去了解地球,去探究深海、深地及深空。

❖❖❖深海研究的未来

深海蕴藏着宝藏,据估算,大洋海底多金属结核总资源量约为 3 万亿吨,有商业开采潜力的达 750 亿吨;海底富钴结壳中钴资源量约为 10 亿吨;太平洋深海沉积物中的稀土资源量达 880 亿吨。据预测,未来全球油气总储量 40% 将来自深海。实施深海探测战略,重点要围绕"进入深海—认知深海—探查深海—开发深海"的主线,突破制约深海探测能力的核心关键技术,占据深海科学和技术制高点。我国深海探测战略:攻克海域天然气水合物试采关键技术和装备,实现商业化试采;继续完善研制完成的"海马"号潜水器、"海牛"号多用途钻机等深海技术装备,力争在深海进入、深海探测、深海开发及大洋极地科考领域逐步走向世界前列。

国际上对深海的定义是水深 200 米以下的海域。深海的特点:高压;底层水流速缓慢;无光;水温低;盐度高;氧含量较丰;沉积物多。在海洋,尤其是深海中赋存有丰富的资源,例如多金属结核和富钴结壳,还有赋存于现代洋底热液金属硫化物中的金、银、铜、锌、铅等矿物,以及天然气水合物、常规油气等资源。以常规油气资源为例,海洋石油资源量约占全球石油资源总量的 34%,探明率约为 30%,尚处于勘探早期阶段。利用深海工程,即在深海水域进行的海洋资源开发和空间利用所采取的各种工程设施和技术措施，人类正在逐步推动海洋资源的全面开发利用。

中国近年来在深海的探索不断获得成功，比如：利用南海神狐海域的"蓝鲸一号"钻井平台成功试采南海神狐海域天然气水合物；"蛟龙"号载人潜水器在七大海区深潜一百五十多次，取得了一系列勘探成果；在南海初步查明了南海冷泉区和海山区生物群落特征；在西太平洋海山结壳勘探区，探查了采薇海山区的结壳、结核的分布特征；在西北印度洋我国热液硫化物调查区，初步查明多个作业区的热液区位置。2013年，由中国船舶重工集团有限公司研制的我国首个实验型深海移动工作站已完成总装，展开水下试验工作。这些都证明我国的深海工程在不断地前进和发展，相信我国在不久的将来也会迈入海洋强国的行列。

我们生活的地球，海洋面积约占地球总面积的71%。人类一直为拓展自己的生存空间而努力。目前，很多国家已经建立了海洋工作室，并对深海工作室也提出了设想，如法国建筑师罗格里设计的海洋轨道器。罗格里希望海洋轨道器能够成为一个海洋空间站，帮助科学家勘探海下这个人类仍对其知之甚少的世界。

未来深海螺旋城市为人类深海居住提供了另一个可能性。该建筑设想是在水深为 3 000～4 000 米的深海区域建造一个从海底到海面的构造体,其主体为漂浮于海面的直径为 500 米的球状构造物,球体下部连接着螺旋状的通道,可供人、电路以及资源的运输往来,并直接连接到海底的矿产资源开发工场。设计的意图与海上环境未来城市类似,即开发海洋居住空间。深海区域和赤道地区一样,受台风和地震的影响较小。不同的地方在于,主体是全封闭的球体,可以自主调节球内空间的温度、含氧量,可以更便捷地提供一个舒适的人类居住环境。另外,整个球体可以调节浮力强度,使球体根据需要露出海面或下沉。

❖❖❖深地研究的未来

　　我国的深地探测战略是形成深至 2 000 米的矿产资源开采、3 000 米的矿产资源勘探成套技术能力,储备一批 5 000 米以深的资源勘查前沿技术,显著提升 6 500～10 000 米深的油气勘查技术能力,争取在 2030 年成为地球深部探测领域的领跑者,在地球流变学和深部地质与深部构造及其动力学方面有所突破,为人类认识和利用地球提供"中国范本"。

欧美一些国家早已开展了"入地"计划。20世纪80年代，美国、加拿大及欧洲各国先后发起了地壳探测计划、欧洲探测计划和岩石圈探测计划。美国从1970年开始实施，现已进入第二轮地壳探测。通过第一轮探测，美国制作出了美洲大陆6万千米地壳的反射地震剖面。中国通过该方法完成的剖面也达到4 500千米。进入21世纪，地球科学的发展对地球深部数据的依赖程度越来越高，深部探测水平会直接影响中国地学研究水平、资源探测技术和灾害预报能力。

在资源开发方面，随着浅部矿物资源逐渐枯竭，资源开发不断走向地球深部，千米深井的深部资源开采逐渐成为资源开发新常态。进入1 000～2 000米的深部开采，岩石可能表现出大变形、强流变等特征；持续的高地温将对人员的健康和工作能力造成极大的影响，使劳动生产率大大下降。矿井灾害将以前所未有的频度、强度和复杂性表现出来，且浅部开采的单一灾害种类转变为多种灾害的灾害链，灾害链的孕育机理、致灾过程将更加复杂，给岩层控制、采场维护等带来了前所未有的巨大挑战。中国因此启动了国家重点研发计划"深地资源勘查开采"重点专项，以便破解深部资源诸多的科学问题。

❖❖深空研究的未来

深空是指地球大气极限以外很远的空间,包括太阳系以外的空间。长久以来,人类对于深空的研究从未停止过。进入 21 世纪之后,随着航天技术与空间科学的飞速发展,人类认知宇宙的手段越来越丰富,范围也越来越广,开展地月日大系统研究,探索更深远、更广阔的太空,甚至发展深空宜居计划,已成为人类航天活动的重要方向。图 9 为国际空间站。

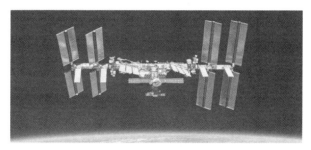

图 9　国际空间站

深空探测是人类在 21 世纪的三大航天活动之一。深空探测是指发射航天器,在等于或大于地月距离的宇宙空间,对地外天体、太阳系空间和宇宙空间进行探测的活动,包括月球、小天体、太阳和日球层及以远等区域。研究深空的主要工具是空间探测器,它是人类研制的用于对远方天体和空间进行探测的无人航天器。1959 年

宜居地球的过去、现在与未来

1月苏联发射了第一个月球探测器——"月球一号"。截至 2020 年 4 月,美国、俄罗斯、中国、日本、印度以及欧洲各国等国家和地区先后实施了 240 余次深空探测活动,实现对月球、七大行星、小行星、彗星、冥王星、太阳等的探测并进入临近恒星际空间,实现载人登月,实现月球、火星、金星、小行星和彗星表面软着陆,实现月球和小行星采样返回,实现月球和火星表面的着陆与巡视勘察。

进入 21 世纪,中国、美国、俄罗斯、日本、印度和欧洲各国等主要航天大国都组织和制定了 20 年乃至更长远的深空探测发展规划,探测的重点集中在月球、火星、小天体等。近年来,国外较为明确的深空探测活动规划见表 1。

表 1　国外深空探测活动规划

机构	目标	年度	名称
美国航空航天局	L2	2024	WFIRST
俄罗斯联邦航天局、欧洲航天局	火星	2022	ExoMars 2022
俄罗斯联邦航天局	木卫三	2023	Laplas-P
欧洲航天局	木星	2022	JUICE
欧洲航天局	L2	2026	PLATO

作为航天大国,深空探测也是我国航天领域计划的重要部分。

中国空间站以天和核心舱、问天实验舱、梦天实验舱三舱为基本构型。各飞行器既是独立的飞行器,具备独立的飞行能力,又可以与核心舱组合成多种形态的空间组合体,在核心舱的统一调度下协同工作,完成空间站承担的各项任务。人类移居太空,不仅仅需要空间站这样庞大的平台,也需要对空间站进行改造。

深空居住舱(图10)是未来航天员深空飞行的主要生活场所,是执行小行星和火星任务所需的关键技术之一。美国国家宇航局计划向太空发射"膨胀式居住舱",如果试验成功,未来它有望成为太空酒店或民间太空站。

深空探测是人类探索宇宙奥秘、保护和建设美好地球家园的必然选择,经过多年的探索与发展,已经取得了巨大的工程技术和科学探索成果。拓展人类生存和发展的空间,寻找地外生命和宜居地是人类孜孜不倦的追求,也是人类文明发展的需要。而我国的深空探测刚刚起步,虽取得了一定的进步,但未来的探测之路仍然漫长。未来中国航天人需要以挑战自我、引领发展的勇气,推动中国深空研究领域的持续发展。

图 10　深空居住舱

一颗宜居星球应具备四个条件：第一，离恒星合适的距离，位于恒星宜居带上的行星都拥有孕育生命的潜力；第二，有合适的自转和公转周期；第三，有合适的引力和磁场，以地球为例，引力恰好能抓住周围的大气层，太薄的大气层无法抵抗各种"天外来客"（如陨石、彗星）的袭击，而太厚的大气层会让地球无法"散热"，导致温室效应急剧增强；第四，有合适的空气和液态水，地球是目前已知的唯一拥有多种生物体和高度文明的行星，氧是影响地球宜居性的重要因素，其与复杂生命体的形成和演化有着千丝万缕的联系。

国内学者对比月球与木卫一的主要物理参数发现，虽然这两个天体在大小、几何形态等方面类似，但是在其力学系统性质参数以及由此影响到的表面物理参数却各不相同。对比研究月球、木卫一这类固态行星，除了利用

32

现有地基与深空探测遥感影像技术外，还可借助绕其飞行的轨道探测器及一个着陆探测器对行星及其卫星之间的潮汐力开展探测研究，或利用降落在卫星上的着陆器发射无线电信号直接开展卫星多普勒测量，研究其潮汐力变化周期，为研究类地行星及其卫星的物理性质和演化特征提供了丰富的资料，对于揭示天体间潮汐力对固态天体演化的影响有重要科学意义。

太阳系外行星探测是当今的研究热点，目前，已经探测发现 4 100 多颗太阳系外行星，现有大、中口径和未来极大口径地基望远镜都在开展和计划进行太阳系外行星天文成像观测研究，其发展趋势是研发"超级"自适应光学系统，配备高对比度星冕仪，用于在可见光至近红外光波段开展类地行星成像观测，并通过光谱分析遥测其大气环境。目前诸多关键技术的突破，将有望在未来搜寻到位于宜居带内的地球质量的岩质行星，并有望在不久的将来直接获得来自类地行星的光谱，精确分析其大气组成。

➡➡水资源的未来

水资源对我们的生命起着重要的作用 ，它是生命的源泉，是人类赖以生存和发展的不可缺少的最重要的物质资源之一。

宜居地球的过去、现在与未来

所以，水作为大自然赋予人类的宝贵财富，早就被人们关注。水资源指"可以供人们经常取用、逐年可以恢复的水量"，也就是通常所指的淡水资源。

➡➡**智慧地球探索**

地球的未来会怎样？目前，科学界普遍认同的观点是：人类已经成为地球发展的一个重要推动力，这种推动力与自然力量一样强大。人类科技日新月异的发展在不断推动地球的发展，那么人类将会推动地球向哪儿发展？综合来看，有两个方向将是热点：一是随着人类活动范围的极大扩展，人类将不再满足从近地表到浅层地下的有限活动空间，人类的生产、生活将逐渐扩展至深海、深地、深空；二是随着互联网＋、大数据技术和 AI 技术的发展，将来的地球将会成为"智慧地球"。

✦✦**智慧地球的兴起与繁荣**

2008 年，IBM 公司首次提出"智慧地球"概念。其核心理念主要包括：透彻感知，通过将各种感应科技接入家居、交通、金融、电力等设施中实现物质世界的数据化和虚拟化；互联互通，将互联网与大数据技术相结合，实现各种设施的无障碍融合；智能化，通过超级计算机技术和 AI 技术，对海量数据进行分析处理，以便做出正确的行动决策。智慧地球这一概念与政治、经济和社会发展紧密结合，数字化、网络化、智能化、物联网、云计算等尖端技术也都与之紧密相关。

❖❖地质类专业可以做什么？

作为一门研究地球如何演化的自然科学，地质类专业在宜居地球研究中的作用无可替代。例如，地质类专业可以通过分析地球系统五大物质圈层与人类系统的相互联系与影响，探讨地球各圈层之间的演化规律与影响机理，探讨地球未来的发展趋势。地球是一个复杂的圈层系统，其包含的数据异常丰富和繁杂，而地球信息科学专业方向正是通过解析地球信息大数据，为政府管理、人民生活提供决策支持，保障人类社会的公平及可持续发展。

地质类专业的起源、现状与发展趋势

不忘初心方得始终，牢记使命方显本色。

——《人民日报》

　　地质类专业的萌芽可追溯到人类采集和制作石器的远古时代，从那时起，人类就开始认识岩石、矿物的某些性质了。在经受地震、火山喷发、洪水等自然灾害并与之斗争的过程中，人类逐步认识了大自然中的地质现象和过程。《山海经》将矿物分为金、玉、石、土四类，并分别记述了它们的色泽、特征和产地。《禹贡》记述了多种金属矿物和非金属矿物。《管子·地数》中的"山上有赭者，其下有铁；上有铅者，其下有银"，论述了金属矿产的共生关系。东汉班固在《汉书·地理志》中提到了"高奴县有洧水可燃"。我国近代地质类专业的发展起源于丁文江等人在 1913 年创办的地质研究所和在 1916 年组建的地质调查所。前者是培养人才的机构,后者是负责地质调查的机构。20 世纪 20 年代,李四光等人加入北京大学地质学系。1922 年,中国地质学会成立,《中国地质学会会志》创刊。1928 年,中央研究院地质研究所建立。虽然中国地质类相关学科的建立比西方晚了一个多世纪,但在二三十年的时间内,完成了一整套地质学体系的建设。中华人民共和国成立后,地质工作因其与社会经济发展的密切关系而受到高度重视。1952 年,国家成立地质部并相应成立了各类研究机构,形成了地质勘查、科学研究、地质教育相结合的战略格局。由于地质工作被放到了先行位置,因此取得了一大批重要找矿突破,为我国建设独立的、比较完整的工业体系提供了资源保障。自1978 年以来,借改革开放的春风,中国地质科学进入了大发展时期,地质学学科领域在不断拓展与深化。各分支学科研究的深入和各分支学科之间的交叉碰撞,以及地质相关学科之间的交叉碰撞,使原有的分支学科不断深化,新的分支学科不断涌现,为探索地球的奥秘,解决当今世界人口、资源和环境问题,营造人类社会的美好前景做出了贡献。至 20 世纪 90 年代,地质行业一直坚持服务国家资源能源勘查的重大战略需求。2000年以后，国家支撑的资源能源勘查任务减少，加之地质工作较为辛苦，传统地质专业与计算机、自动化专业比起来，一下子"冷清"了不少。2010年以后，地质环境、灾害治理、农业地质、新能源地质等相关方向逐步发展起来，地质行业打开了服务于国家和社会重大需求的新局面。

▶▶资源勘查工程专业

资源勘查工程专业培养具备地质学、矿产勘查学及矿产经济学的基础理论、基本知识和技能，具备市场经济条件下矿产资源勘查评价、决策与管理能力的高级应用型技术人才。资源勘查工程专业设固体矿产勘查、石油与天然气地质勘查两个专业方向。专业涉及从勘查选区、勘查评价到矿产开发全过程的地质、技术、经济及环境等方面内容。资源勘查工程专业面向社会经济可持续发展对矿产资源的需求，是融地质理论、勘查技术、矿业经济与环境及矿业政策法规于一体的综合性、应用性工科专业。

➡➡资源勘查工程专业的起源

在教育部《普通高等学校本科专业目录（1998年颁

布)》中,资源勘查工程专业是由原来的地质矿产勘查专业、石油与天然气地质勘查专业以及应用地球化学(部分)专业合并而来的,此后一直沿用此专业名称。资源勘查工程专业既涉及勘探方法、勘探理论、勘探技术等工科学科,又涉及基础地质理论数理统计、实验分析等理科学科,是一个理工高度结合的、多学科交叉的,为各类矿产资源的探明而服务的复合型专业。

➡➡资源勘查工程专业的现状

我国有多所高等院校设有资源勘查工程专业,基本分布于煤炭、冶金、建材系统。高校合并改革后,除中国地质大学、中国矿业大学、中南大学、中国石油大学、太原理工大学、吉林大学等少数几所隶属于教育部外,绝大多数为中央和地方共建院校,服务重心逐渐转向于所在省(区)内的勘探业和地方经济。主要研究对象为煤炭的高校中,唯一隶属于教育部的高校为中国矿业大学,邻近省份中,山西、山东、河南各有一所普通高等院校。

我国资源勘查工程高等教育有以下几方面特点:第一,专业划分细,一般院校都设有资源勘查工程、地质工程专业。第二,课程设置涉及面广,资源勘查工程专业的培养目标是为资源勘查企业,尤其是煤炭勘查企业培养工程师类专业技术人才，要求学生全面了解勘查项目生产与管理的各个方面。课程知识门类多，包括数学、化学、矿物岩石学、古生物地层学、构造地质学、矿床学、能源地质学、资源勘探学、应用地球物理学、应用地球化学、资源管理与评价等。第三，实践性及实习、设计环节多。至今，我国大多数设有资源勘查工程专业的高等院校，其专业设置、教育培养模式和教学内容均进行了一定程度的改革。

➡➡资源勘查工程专业的发展趋势

资源勘查工程专业应加强基础科学教育：大学 1～2 年级主要学习数学、物理、化学、计算机、生物学及天文学等公共基础课；大学 3～4 年级学习专业基础课。同时要求学生了解地质工作的方法与途径，了解新技术、新方法在地学中的应用，并尽量加入一些地学领域的重大发现和认识。学生就业可扩展到地矿、有色金属、冶金、工程及环境等多个领域，为我国矿业经济的发展做出了重要贡献。展望未来，资源勘查工程专业将牢牢抓住国家"双一流"建设的历史机遇，秉承传承、执着、奋进、创新的精神，以培养能源地质领域高水平复合型创新人才为己任，深化教学与科研改革，优化人才培养模式，加强国际合作交流,将资源勘查工程专业打造成国内外能源地质领域的重要人才培养基地和科研创新中心。开展创新型人才培养模式的研究与实践,明确专业发展方向,重新构建本专业本科生的知识结构。

▶▶地质工程专业

地质工程专业是研究人类工程活动与地质环境之间的相互制约关系,并分析、研究人类工程活动与地质环境相互制约的形式,进而研究认识、评价、改造和保护地质环境的一门科学,是地质学的一个分支,也是地质学与工程学相互渗透、交叉的边缘学科。

➡➡地质工程专业的起源

中国早在夏朝时期就有了凿井取水的历史,战国时期修建了都江堰水利工程,隋朝时期修建了赵州桥,等等。19世纪中叶,国外的地质工作者开始了对工程地质条件的系统的理论研究,逐步形成了地质工程专业的学科体系。中华人民共和国成立前,中国的地质工程学隶属于土木工程学的范畴,没有建立独立的地质工程学科。中华人民共和国成立初期,国家出于对各类专门人才的需求进行院校调整,于1952年成立了北京地质学院和东北地质学院两所地质院校,归地质部管理。在北京地质学院和东北地质学院中分别建立了水文地质与工程地质和探矿工程两个学科。

➡➡地质工程专业的现状

地质工程专业是地质资源与地质工程一级学科下属的二级学科,是以原二级学科探矿工程和水文地质与工程地质为主体相互交叉渗透发展起来的。它以现代钻掘工程技术、现代测试和计算机技术为手段,以工程涉及的地质体及工程所在的地质环境为研究对象,服务于矿产资源勘查与开发,土木工程、水利工程的规划、设计、施工,水文工程、环境地质的评价、监测与保护,地质灾害预测与防治和地下深部探测等领域。

地质工程领域是以自然科学和地球科学为理论基础,以地质调查、矿产资源的普查与勘探、重大工程的地质结构与地质背景涉及的工程问题为主要对象,以地质学、地球物理和地球化学技术、数学地质方法、遥感技术、测试技术、计算机技术等为手段,为国民经济建设服务的先导性工程领域。国民经济建设中的重大地质问题、所需各类矿产资源和水资源问题以及环境问题等是社会稳定持续发展的条件和基础。地质工程领域正是为解决上述问题而进行的科学研究、工程实施和人才培养。地质工程领域服务范围广泛，技术手段多样化，从空中、地面、地下到海洋，各种方法、技术相互配合，交叉渗透，已形成科学合理的、立体交叉的现代化综合技术和方法。本工程领域涉及数学、物理学、地质学、油气及固体矿产的普查与勘探、水文地质、工程地质、岩土工程、遥感地质、数学地质、应用地球物理和应用地球化学、计算机应用技术等学科。

➡➡地质工程专业的发展趋势

地质工程专业未来应拓宽地质工程领域的广度和深度，进一步发展和完善地质工程专业的学科体系。地质工程专业在积极引进、吸收和推广应用世界工程地质学及相关学科先进理论的同时，还应紧密结合经济建设实际，大力加强理论研究，不断提高理论水平。在地质工程理论和应用研究中，以定性研究为基础，加强定量研究，把定性研究与定量研究有机地结合起来；加强工程地质勘查方法手段和规范规程的研究，努力实现工程地质勘查的标准化和现代化。地质工程专业应与相关学科相互渗透和联合发展，进行多学科、多专业、多手段综合研究和联合攻关，开展国内外科技交流与合作。

▶▶**地球物理学专业**

地球物理学运用物理学的原理和方法,通过各种地球物理仪器,对物理场(如重力场、磁场、弹性波场、电场、电磁场、地热场、放射性场等)进行观测,来探测地球内部的介质结构、物质组成、形成和演化,以及研究与地球相关的各种自然现象及其变化规律。地球物理学的功能是优化和改善人类生存和活动的环境,防御及减小地球与空间灾害对人类的影响,为探测、开发和利用国民经济中急需的能源及资源提供新理论、新方法和新技术。地球物理学是一门应用性很强的基础学科。当前,地球物理学已成为地球科学中最具活力的学科之一,其研究成果将对 21 世纪人类的生存与发展产生重要的影响。

➡➡地球物理学专业的起源

地球物理学萌芽于人类对地球上发生的自然现象的兴趣。我国东汉科学家张衡创造了传世杰作地动仪,能够对地震的初动进行响应;我国宋代科学家沈括最早在其所著的《梦溪笔谈》中记载磁偏角现象;1589 年,科学家伽利略在比萨斜塔做自由落体实验;1600 年,英国人吉尔伯特第一个提出地磁场理论概念,发表了关于地球磁场起源于地球内部的文献；1687 年，牛顿提出万有引力定律；1893 年，数学家高斯在他的著作《地磁力的绝对强度》中，从地磁成因于地球内部这一假设出发，创立了描绘地磁场的数学方法，从而使地磁场的测量和起源研究都可以用数学理论来表示；等等。

尽管关于地球物理学的研究有着数百年的悠久历史，但作为一个独立的学科却只有一百多年的历史。维舍特是世界上第一位地球物理学教授。维舍特和他的 4 名学生策普里茨、古登堡、盖革和安根海斯特在《格丁根学报》上发表了一系列地球物理学重要著作，对于地球内部构造、地震波走时、地震波传播理论和机械地震仪的原理等都有很重要的贡献。维舍特对于 20 世纪地球物理学的发展起到了很大的推动作用。

地球物理学是随着物理学的发展而发展的。在地球物理学中，重力学、地磁学和地震学发展较早，地电学、地热学和放射性测年与勘探发展相对较晚。18 世纪至19 世纪，地球物理学成了物理学的一个分支。19 世纪至20 世纪，地球物理学成为一门完整、系统的科学，正式采用地球物理学这一名称。20 世纪 30 年代，地球物理学成功应用于矿产资源勘探。20 世纪 50 年代以来，地球物理学取得了快速发展。

➡➡地球物理学专业的现状

　　地球物理学的研究内容总体上可以分为应用地球物理学和理论地球物理学两大类。应用地球物理学（又称勘探地球物理学）的研究范围比较广泛，主要包括能源勘探、金属与非金属勘探、环境与工程探测等。应用地球物理学利用理论地球物理学发展起来的方法进行找矿、找油、工程和环境监测以及构造研究等，具体包括地震勘探、电法勘探、重力勘探、磁法勘探、地球物理测井和放射性勘探等，通过先进的地球物理测量仪器，测量来自地下的地球物理场信息，对测得的信息进行分析、处理、反演、解释，进而推测地下的结构构造和矿产分布。应用地球物理学是研究石油、金属与非金属矿床、地下水资源及大型工程基址等的勘探的主要学科。理论地球物理学研究对地球本体认识的理论与方法，如地球起源、地球内部圈层结构、地球年龄、地球自转与形状等，具体包括地震学、地磁学、地电学、地热学和重力学等。

➡➡地球物理学专业的发展趋势

　　地球物理学包含许多分支学科，涉及陆、海、空三域，是天文学、物理学、数学、化学和地质学之间的一门边缘学科。随着时代的发展,地球物理学的多学科交叉现象越来越明显,数学、物理学、计算机科学、天文学等众多学科的发展大大促进了地球物理学的发展。随着深地、深空和深海探测战略布局的开展,传统的地球物理方法受到挑战,需要加强深地和深海的地球物理学研究。地球物理学专业将围绕保障国家能源资源安全、支撑海洋强国战略等内容,对深地理论研究,深地、深海高端探测技术开发与装备制造,地下空间开发技术,遥感卫星探测技术,遥感信息技术进行深入研讨。

▶▶水文与水资源工程专业

水文与水资源工程专业以地球科学为理论基础,以水资源为主要研究对象,系统学习水资源的形成、分布、演化等方面的专业知识和技能,兼顾地下水科学、岩土工程和环境工程的基础知识,并将其应用于水信息的采集和处理,水资源的规划与开发、评价与管理,水利工程的勘查、设计、施工,地下水环境和地质环境的监测、评价和治理等。

➡➡水文与水资源工程专业的起源

水文与水资源工程专业涉及水文、地下水、环境等众多方向,总的来说是一门多学科综合的边缘学科。以该专业涉及的地下水方向为例,1952 年院校调整时,北京地质学院(中国地质大学的前身)开始设立水文地质与工程地质专业,在教育部《普通高等学校本科专业目录(1998 年颁布)》中取消了水文地质与工程地质专业,将水文地质学科划分到勘查技术与工程、水文与水资源工程、环境工程三个专业中。这为水文地质学科建设提出了新的思路, 开拓了广阔的办学空间。该专业之前隶属地质资源与地质工程,之后归到水利类,目前一些高校的研究体系和课程设置仍然保留着地质资源与地质工程的特色,如中国地质大学、吉林大学、中国矿业大学等。另外一些高校则更偏向环境影响与能源开发,如河北地质大学(这是一个老牌地质院校)。还有一些高校将这个专业进一步细化,以地学为基础的还叫地下水科学与工程,研究地下水环境问题的,则改名为水文与水资源工程,如长安大学。

➡➡水文与水资源工程专业的现状

水文与水资源工程是国民经济基础产业——水利中的重要专业领域之一。随着社会的发展,水资源的自然资源属性和基础作用越来越明显,我国已确立了水资源是三大战略性资源之一的地位。区域人口增长、社会和经济发展使得水资源供需矛盾已成为全球性普遍问题。中国作为发展中大国，水资源的开发、利用和管理存在许多问题，诸如水资源短缺对策、水资源持续利用、水资源合理配置、水灾害防治以及水污染治理、水生态环境功能恢复及保护等目前已成为亟待研究和解决的问题。而水文与水资源工程专业正是致力于满足社会和经济发展对本专业人才的需求，主要研究人类工程活动与水资源、水环境、水安全之间的相互制约关系，是解决水资源开发、水环境保护以及水安全保障问题的一门学科。同时，水文与水资源工程专业是一门具有巨大潜力且发展迅速的学科，它涉及对水文与水资源的勘查、评价、开发、利用、规划、管理与保护，是指导水文与水资源业务的理论基础。同时，它还研究在社会和经济发展中水资源供求关系及其问题解决的科学途径，探求在变化的环境中保持对水资源的可持续利用的途径。世界范围内的水资源短缺及水旱灾害频发使人们对水文与水资源工程专业的人才重要性的认识不断加深，人才需求不断扩大。由于认识到水资源的重要意义和作用，国外各相关高校和科研机构纷纷设立水文与水资源工程专业，进行人才培养或科学研究。到 2020 年，我国设置水文与水资源工程本科

地质类专业的起源、现状与发展趋势

专业的高校已达到 54 所，这也从侧面体现出水文与水资源在当今社会经济生活中所占分量以及社会对水文与水资源问题的关注。

➡➡水文与水资源工程专业的发展趋势

总体来说，水文与水资源工程是以水文学、地学为基础的一门学科。有人说，属于地质行业的黄金时代已经过去了，地质行业的发展遇到瓶颈，但是，这并不代表这个行业已经没落了。不仅是地质行业会遇到瓶颈，每一个行业都会遇到，但是在困难时期，保留优势是行业发展的较优选择。近年来，城市地质兴起，城市地下工程建设日益增多，这些给地下水行业带来了新的契机。我国陆续颁布的"水十条""土十条"等一系列环境保护措施，也为地下水行业指明了新的发展道路。人类社会工业化后，对环境的破坏是空前的。地下水污染、土壤污染问题大量出现，水文与水资源工程专业被赋予了新的研究任务。地下水修复与土壤修复行业逐渐崛起，这是一个朝阳产业，前景相对广阔。但是机遇与挑战总是并存的，欠缺高效、经济的修复方法成为制约该行业发展的瓶颈，大量企业的出现，对行业的规范性和统一性产生了巨大的冲击。该行业的一系列问题也逐渐凸显出来。

▶▶地球信息科学与技术专业

地球信息科学与技术专业是利用云计算、大数据、物联网、人工智能等新兴的信息技术，进行海量地球科学数据分析、融合与建模，解决地球科学问题的前沿学科。

➡➡地球信息科学与技术专业的起源

自 20 世纪 50 年代以来，随着由电子计算机引发的信息科学与技术的出现，人类社会逐渐步入信息时代。地质学与数学、信息科学与技术相结合，迅速形成了一门边缘学科——数学地质。国际数学地质协会于 1968 年成立，这不仅促成地球科学界爆发了一场"计量革命"，同时对地球系统科学和地质学的发展也产生了巨大的推动作用。社会信息化极大地改变了人们的生产方式、生活方式和思维方式，信息技术成为社会进步和经济发展的主要动力。在遥感（RS）、全球定位系统（GPS）、地理信息系统（GIS）和信息网络系统（INS）等一系列现代信息技术的快速发展和高度集成的推动下，在系统科学、信息科学与地球科学的交叉领域迅速发展起来一门新兴学科——地球信息科学与技术。它以地球系统信息流为研究对象，探索时空数据挖掘与知识发现、地理系统格局与过程模拟、遥感地学计算的方法体系，完善地球信息科学方法论，发展时空数据集成管理、高性能地学计算、时空数据可视化、地理信息服务等核心技术，促进地理信息系统技术创新，研究地球系统科学数据共享标准规范与关键技术。地球信息科学与技术已在矿产资源调查、环境监测、水土资源评价、灾害监测和灾情评估、城市建设规划乃至投资环境和风险评估、政府和军事决策等领域，显示出强大的优势与生命力。

➡➡**地球信息科学与技术专业的现状**

地球科学相关领域长期积累了多源和多维地学数据，其集成融合、关联分析与智慧利用是当今地球科学发展的迫切需求。在发达国家，地球信息科学与技术已成为一门基础前沿学科，体现了地球多学科间的相互渗透和综合。从 20 世纪 50 年代起，现代信息科学与技术逐渐打破了过去人为分割的局面，日益表现出开放性和交叉性，大量接受现代科学思潮的影响，与自然科学、社会科学以及思维科学的众多学科交叉融合，催生了一系列边缘交叉学科，使得传统的科学研究范式发生了根本性变革，而以地球为研究对象的地球科学正面临着前所未有的发展机遇和挑战。

地球信息科学与技术专业培养德智体美劳全面发展,具备扎实的地质学、地球物理学、地球化学、地质工程学、信息科学、人工智能的理论知识,拥有较高的应用所学专业知识进行基础研究、社会服务和技术研发的能力的人才。地球信息科学与技术前沿研究专门人才能够全面掌握地球科学的研究方法,具备深度参与地质学、地球物理学相关项目研究或信息科学与技术实践活动的能力。地球信息科学与技术创新人才能够满足国家资源开发、自然灾害和重大事故防治等需求,能够胜任地质勘探、矿产资源开发、自然灾害和重大事故防治服务工作。地球智能复合型人才能够综合运用理论和技术手段,具有深度融合地质学、资源勘查工程与人工智能知识提出地球信息智能分析算法架构、设计解决方案的能力,同时,具备敢于质疑、善于思维建构、勇于原始创新的能力。该专业毕业生适合到资源勘探开发、地质灾害防治、国土资源管理、地质调查、地球探测、智慧矿山、地球信息化等行业从事相关的专业工作,亦可继续攻读硕士、博士学位。

➡➡**地球信息科学与技术专业的发展趋势**

国际主要学术组织公布了前沿科学战略计划,例如,国际科学理事会执行的"未来地球计划",以及国际地质科学联合会启动的"为后代提供资源"和"深时数字地球"

国际大科学计划等。这些战略计划从不同角度诠释了未来的地球科学发展趋势。数学地球科学、地球信息科学与技术密切相关，获得突破性进展必须发展新的数学理论、计算方法、信息技术和计算机技术。同时，地球信息科学与技术工作者也将面临巨大的挑战和机遇。在这个数据爆炸的时代，各行各业都不可避免地会涉及对海量数据的处理，发展地球信息科学与技术是一个具有挑战性的难题。特别是在"大数据—机器学习—人工智能"快速发展的背景下，大数据和人工智能已成为自然科学、社会科学以及经济学等多个领域非常流行的话题。它和人们生活的关系越来越密切，也让科学家们自觉或不自觉地希望将其引入并应用到各自的研究领域。

地球信息科学与技术专业不仅承载着充分利用和融合信息科学与技术、计算机科学与技术，对长期积累和不断增多的海量、多源、多维地学数据进行深加工、深利用的重大任务，而且承载着资源日益匮乏、环境渐趋恶化的巨大压力。我们应利用信息技术实现地球和全人类可持续发展，开拓出一条面向地球科学的多源信息整合研究之路。在未来的发展中，地球信息科学与技术专业将保持理论化、工程化和学科交叉领域泛化的发展特点，向平台网络化和应用社会化的方向发展。

地质类专业人才的成长

仁者乐山，智者乐水。

——孔子

▶▶地质类专业人才培养总纲

原煤炭工业部下属院校在地球科学领域为我国煤炭资源、煤层气资源、煤系其他矿产资源勘探开发及煤矿安全高效生产地质保障领域培养了一大批高级专门人才。部分院校归属地方管理后仍保留地质类专业，如山东科技大学、安徽理工大学、河南理工大学、西安科技大学、太原理工大学、黑龙江科技学院、辽宁工程技术大学、西安科技大学、河北工程大学、湖南科技大学、内蒙古科技大学等。中国矿业大学一直以煤炭行业背景为依托，不断改革、优化地质类专业人才培养模式,取得较好的成果,并在地质类院校得到推广应用。因此,本章地质类专业人才培养相关内容主要以中国矿业大学为例进行阐述。

人才培养的目标如下:

人才培养的总体目标:培养德智体美劳全面发展,厚基础、强能力、高素质,具有家国情怀、创新精神、实践能力和国际视野,好学力行、求是创新,能够引领科技创新、行业发展、社会进步的栋梁之材。

人才培养的主要目标:在掌握坚实宽广的基础理论和系统深入的专门知识的基础上,重点围绕煤及煤层气资源勘查开发地质理论和关键技术、矿区环境保护、矿井地质灾害评价探测理论与技术等方向,全面推进教育改革和创新,培养拥有较高的人文素质、强烈的创新意识和创新能力、广阔的国际视野和强大的学术竞争力的地质领域高层次专门人才。

人才培养的基本原则如下:

全面发展原则:必须体现德智体美劳全面发展,必须把立德树人融入人才培养各环节。要围绕专业人才培养目标设置德育课程体系、专业课程体系,要注重学生体育素质的提升,设置体现美育、劳育的课程或教育环节,从而构建全面发展的培养体系。

交叉融合原则:应促进通识教育与专业教育融合、专业交叉融合、科研与教学融合,应体现课程之间的逻辑关系,纵向上实现本专业拓展的递进关系,横向上实现其他专业拓展的内在关联,从而构建知识交叉融合的培养体系。

纵向贯通原则:应加强思政课程与课程思政建设,各类课程与思政课程同向同行,将思想政治教育贯穿教学全过程。

普及性创新创业教育与专业化创新创业教育相结合,将创新创业教育贯穿教学全过程。课程设计、课程实习、毕业实习、科研训练、专业竞赛等有机结合,将实践教育贯穿教学全过程。

国际课程、海外实习、合作办学等紧密结合,将国际化教育贯穿教学全过程,从而构建纵向贯通的培养体系。

个性发展原则:应满足学生兴趣爱好、职业发展、升学深造等多元化发展的需要,设置拓展课程模块,模块内设若干课程组,学生可根据自己的兴趣爱好和个人发展规划选择不同的课程组,从而构建个性化的知识、能力、素质培养体系。

持续改进原则:应根据社会评价和专业质量监控结果,检验培养目标的达成情况、毕业要求达成情况,改进课程体系和培养环节,从而建立持续改进的质量保证机制和体系。

人才培养模式主要基于目标导向教育（Outcome Based Education，OBE）和以建设新工科为核心的发展理念，初步形成"五新一中心"人才培养体系，即以学生为中心，在招生、思政、教学、实践和师资五个方面不断改革创新，提高人才培养质量。

新招生，吸引优质生源。学校院—系—教师三级联动、线上线下联合、点面精准联结等措施并举，加强地质类科普宣传，推进招生宣传工作，扩大优质生源基地，吸引优秀生源，为优质生源率提高提供较大支撑，大力推进院士、名家、名师进课堂，增强学生的专业自信，使其有历史担当，愿意献身"地质"报国，打造优秀校友系列讲座，讲好校友故事，引导学生热爱地质。

新思政，提升专业认同感。学校贯通思想体系—专业学习实践—学风考风建设—社团文化建设—就业指导—职业规划，融合思政与专业教育，大力开展地质精神文化教育，突出文化育人。

新教学，推进服务国家需求的新工科人才培养。学校初步构建"双参与、三联合"教学模式，创一流工程教育。"双参与"指学生参与企业实践过程、企业参与学生培养过程；"三联合"指培养方案制订、教学教育活动开展、企业培养质量反馈三方面相互联合。学校获批地球信息科学与技术专业,设立智能地质工程新方向,制订新培养方案,培养核心服务目标转换,全面对标并贯彻认证理念。学校打造新课程,形成了系列线上线下混合式和虚拟仿真"金课",深化科教融合,建设 3 个省部级重点实验室、2 个研究中心,构建"人人有参与、班班有项目、级级有备赛、行行(专业)有平台"的"四有"创新竞赛培育体系,提升新国际化教育,通过全英文/双语课程、学科讲座和海外实习等培养学生的国际化视野、跨文化交流能力,构建新培养体系,包括本科生导师制、小班授课、英才班建设等。

新实践,提高实践能力培养水平。为了提高学生的实践能力,教授上课堂,教授带野外实习(50 岁以下教授全部带实习,80%以上教授带野外实习),基础地质教学与应用地质教学实验室全天候面向学生开放。

新师资,提升工程教育能力。学校坚持引培结合,推进高层次、专业化、国际化、工程化师资队伍建设。

以学生为中心,不断提高人才培养质量。

▶▶**地质类专业本科生培养**

根据培养目标要求,地质类专业本科生培养方案构建"4＋3＋X"课程体系。

"4"是指四大课程模块,即通识教育课程、专业大类基础课程、专业课程和拓展课程。通识教育课程即所有专业的本科生原则上都要学习的课程,包括德智体美劳全面发展所要求的基本课程,旨在培养学生正确的人生观和价值观,提高学生的综合素质。专业大类基础课程是专业大类理论基础课程、大类平台课程和基础实践课程的统称,旨在夯实学生的专业理论基础,提高学生的学术素养。专业课程由专业主干课程和专业选修课程组成,旨在培养学生的专业知识和专业技能。拓展课程是在上述课程基础上的提高或拓宽,旨在进一步拓宽学生的知识视野,进一步增强学生的创新精神,进一步提高学生的实践能力。

"3"是指拓展课程所包含的三大拓展方向,即本专业深入拓展、挑战性课程拓展、跨学科交叉融合拓展。本专业深入拓展是指修读本专业的高阶课程,挑战性课程拓展是指修读高难度的基础课程、科研训练或创业教育课程,跨学科交叉融合拓展是指修读非本专业的课程。拓展课程应充分考虑到学生个性化发展的需要,体现学生的兴趣爱好和个人发展规划。

"X"是指每个拓展方向所包含的多样化课程组。本专业深入拓展方向包括本硕一体化课程组、卓越工程师计划课程组、本专业高阶选修课程组等。挑战性课程拓展方向包括厚基础挑战性课程组、科研训练挑战性课程组、创业教育课程组等。跨学科交叉融合拓展方向包括辅修专业课程组、一流学科建设国际班课程组、跨学科本硕一体化课程组等。

▶▶地质类专业研究生培养

地质类专业研究生培养主要包括两个一级学科:理学为地质学,工学为地质资源与地质工程。两个一级学科的研究生培养方案介绍如下:

➡➡地质学一级学科

地质学内含二级学科:矿物学、岩石学、矿床学,地球化学,古生物学与地层学,构造地质学,第四纪地质学等。研究生完成相应培养方案,可以取得矿物学、岩石学、矿床学,地球化学,古生物学与地层学,构造地质学以及第四纪地质学等二级学科理学硕士学位以及地质学理学博士学位。

❖❖学科专业介绍

中国矿业大学地质学学科设一级学科博士点,包含矿物学、岩石学、矿床学,地球化学,古生物学与地层学,构造地质学，第四纪地质学五个二级学科博士点。该学科发展于1951年国内首批组建的煤田地质与勘探专业，2003年获得地球化学二级学科博士学位授予权，2006年获得地质学一级学科博士学位整体授予权，2007年获准设立博士后科研流动站。

该学科已在煤中微量元素地球化学、环境地球化学、煤田与煤盆地构造、煤矿安全高效生产地质保障理论、构造预测理论及应用、含煤地层划分与对比、煤田地质理论和方法体系、含煤油气盆地沉积学与古地理学、煤系伴生矿产资源、矿山和深厚松散层地质灾害机理与防治等方面取得了显著进展。

该学科已取得一批重大科研成果。近年来，该学科紧紧围绕特色研究方向和国家能源需求，承担了国家重大科技专项、"973计划"、"863计划"、国家自然科学基金重点项目等国家级重大科研项目，已获得多项省部级科技奖励。

该学科主要依托煤炭资源与安全开采国家重点实验室、深部岩土力学与地下工程国家重点实验室、煤矿瓦斯治理国家工程研究中心、煤层气资源与成藏过程教育部重点实验室、国家发改委矿山水害防治技术基础研究实验室、中国矿业大学分析测试中心、中国矿业大学资源与地球科学学院教学实验中心等平台,这些平台具备先进的实验设施和研究条件,已成为国家地质类高水平学术研究和人才培养的重要基地。

❖❖主要研究方向

该学科主要从事地质学学科领域的基础理论研究,主要研究方向为储层地质学,沉积学与古地理学,煤与煤成烃地球化学,资源与环境地球化学,古生物学与地层学,区域构造与成矿规律,矿井构造地质学,现代地应力与现今构造,第四纪地质与灾害地质,矿产资源地质学,沉积盆地分析,等等。

❖❖培养目标

掌握地质学学科坚实宽广的基础理论和系统深入的专门知识,掌握所从事研究方向的研究现状和发展方向,熟悉该学科的发展趋势、学术动态及前沿。

系统掌握科学研究的基本技能和方法,具有较强的信息技术应用能力,并在该学科有关领域做出创新性成果,能够适应学科发展和学科交叉的需要,具有独立地、创造性地从事科学研究的能力。

具有国际视野,熟练掌握一门外语,较熟练地阅读本专业的外文资料,并具有较强的外文学术论文写作能力和国际学术交流能力。

地质类专业人才的成长

具有健康的身体素质和良好的心理素质。

毕业后能够胜任地质、资源、环境领域等相关的教学、科研、生产和管理等方面的工作。

✤✤✤ 课程设置

研究生课程主要分为公共必修课、专业必修课、选修课。公共必修课包括思想政治类、学术写作、学术翻译以及学术交流等课程。专业必修课主要有高等工程数学、学科前沿讲座、现代地质科学理论等课程。选修课主要有高等岩石学、古生物地层学、地球化学、矿物岩石矿床学、地质工程与安全地质学、水文地质学、地球物理学、数学地质、非常规天然气地质学等课程。

研究生课程学习环节一般应在入学后 1 学年内完成（特殊情况下不超过 2 学年）。普通博士课程学习环节不得少于 13 学分。直博生课程学习一般应在入学后 2 学年内完成（特殊情况下不超过 3 学年）。直博生不得少于 27 学分。跨一级学科录取的研究生应根据指导教师的要求补修 2 门本学科（专业）的硕士生核心课程并取得及格或以上成绩。研究生可以根据自己的知识结构和从事课题研究的需要，自行选修课程。自选与补修课程计成绩，不计学分。

➡➡地质资源与地质工程一级学科

地质资源与地质工程内含二级学科:矿产普查与勘探、地球探测与信息技术、地质工程、地球信息科学、地下水科学与工程等。研究生完成相应培养方案,可以取得矿产普查与勘探、地球探测与信息技术、地质工程、地球信息科学、地下水科学与工程等二级学科工学硕士学位以及地质资源与地质工程工学博士学位。

❖❖学科专业介绍

中国矿业大学地质资源与地质工程学科设一级学科博士点,包括矿产普查与勘探、地球探测与信息技术、地质工程、地球信息科学和地下水科学与工程五个二级学科博士点。矿产普查与勘探(原煤田地质与勘探)学科1981年获得博士学位授予权,是1988年确定的首批国家重点学科,2001年、2006年、2011年被再次确认为国家重点学科。地球探测与信息技术(原煤田地球物理)学科始建于1959年,1998年获得博士学位授予权,2006年被确认为江苏省重点学科。地质工程、地下水科学与工程(原水文地质与工程地质)学科始建于1979年,分别于2000年和2011年获得博士学位授予权。1999年,矿产普查与勘探、地球探测与信息技术学科被批准为长江学者特聘教授设岗学科。1999年获准设立地质资源与地质工程博士后流动站,2000 年地质资源与地质工程学科获得一级学科博士学位整体授予权,2006 年被列为学校"985 工程优势学科创新平台"建设学科,2009 年成为江苏省一级重点学科和国家一级重点学科培育点,2011 年、2016 年两次被列为江苏省优势学科建设工程。第四轮学科评估成绩为 A－。

该学科面向国家需求,立足于煤炭资源的勘探与开发,形成了具有显著特色的煤炭资源特性研究、煤炭资源勘查基础理论与技术、煤炭资源开发地质保障系统、煤层气及煤系伴生矿产资源地质和矿山地质灾害及其环境效应五个研究方向,并且取得了一批标志性的成果。

该学科承担过多项国家级科研项目,包括国家科技重大专项"煤层气储层工程及动态评价技术""中国近海盆地新生代煤系地层发育特征与成烃潜力",国家重点基础研究发展计划项目"动力场对煤层气成藏分布的控制作用研究""煤层气吸附特征与储气机理""煤矿突水机理与防治基础理论研究""页岩微孔缝结构与页岩气赋存富集研究",国家自然科学基金重点项目,等等。

以该学科和地质学一级学科为依托,高等学校学科创新引智计划(简称"111 计划")煤层气地质理论与开发技术创新引智基地于 2013 年获得教育部和国家外国专家局批准,为本学科开展更为广泛的国际学术交流与合作奠定了坚实基础。

❖❖主要研究方向

该学科主要从事地质资源与地质工程领域的基础理论及应用研究,主要研究方向为矿产资源地质成矿规律,非常规天然气地质,煤与油气地质,矿产资源开发地质保障,矿井地球物理,电法勘探技术与理论,地震勘探技术与理论,工程地质与岩土工程,环境地质与灾害地质,钻探工程,水资源与水环境,水文物理规律模拟,水文地质及矿井水害防治,数学地质,地学大数据,等等。

❖❖培养目标

掌握该学科坚实宽广的基础理论和系统深入的专门知识,掌握所从事研究方向的研究现状和发展方向。掌握该学科前沿和学科交叉的最新动态,具备预测学科发展趋势的能力。

具有独立地、创造性地从事科学研究的能力,撰写的学位论文在科学发现、科学理论或科技应用方面具有重要成果。

熟练掌握一门外国语,能较熟练地阅读本专业的外文资料,并具有较强的外文学术论文写作能力和国际学术交流能力。

地质类专业人才的成长

具有健康的身体素质和良好的心理素质。

❖❖课程设置

研究生课程主要分为公共必修课、专业必修课、选修课程。公共必修课包括思想政治类课程、学术写作、学术翻译以及学术交流等。专业必修课主要有高等工程数学、学科前沿讲座、地质资源与地质工程方法学等。选修课程主要有矿产资源预测与地质评价理论与方法、非常规天然气地质学、高等沉积盆地分析、地球物理学专论、地球化学专论、数学地质专论、地质工程与安全地质学、水文地质学专论、矿井水害防治理论与技术、空间数据库与决策支持系统、构造地质学专论、高等沉积古地理学、现代钻掘装备与技术等。

研究生课程学习环节一般应在入学后 1 学年内完成（特殊情况下不超过 2 学年）。普通博士课程学习环节不得少于 13 学分。直博生课程学习一般应在入学后 2 学年内完成（特殊情况下不超过 3 学年）。直博生不得少于 27 学分。跨一级学科录取的研究生应根据指导教师的要求补修 2 门本学科（专业）的硕士生核心课程并取得及格或以上成绩。研究生可以根据自己的知识结构和从事课题研究的需要，自行选修课程。自选与补修课程计成绩，不计学分。

地质类专业人才的历练

达人所之未达，探人所之未知。

——徐霞客

▶▶地质类专业人才的实践能力培养

地质类专业主要研究人类工程活动与地质环境之间的相互制约关系，涉及资源和环境两大主题。工程科技的进步和创新是推动人类社会发展的重要引擎，在国家深入贯彻实施创新驱动发展战略的背景下，针对新兴资源勘探与开发、"一带一路"基础设施建设、地下空间开发与利用、深地探测、地质环境保护与生态文明建设等领域的科学技术问题，地质类专业人才需要不断攻坚克难。坚实的专业基础是地质类专业科研工作者开拓交叉研究的必备条件，科学研究要做到"精、深、专"，科研工作者要心无旁骛地潜入自身的科研领域，在具备过硬专业能力的基础上不断创新。在学习中，地质类专业人才要建立全面的专业知识体系，摆脱实用主义的误导。在工作中，地质类专业人才更是要秉持对地球科学最纯粹的热爱，用"以献身地质事业为荣、以艰苦奋斗为荣、以找矿立功为荣"的"三光荣"精神激励自己，凭借着一以贯之的努力和坚持，潜心钻研，勇于创新。

➡➡ 矿物与岩石鉴定技能

矿物与岩石既是自然界的产物，也常见于我们的日常生活中，例如：我们使用的铅笔笔芯是由石墨制成的；爽身粉的主要成分是滑石粉；绘画时使用的赭石色颜料是由赭石制成的；等等。矿物和岩石与人类生活密不可分，其鉴定技能是地质人必备的能力之一。

✥✥ 砾屑灰岩

在正常的浅水海洋中形成的薄层石灰岩，在其形成后不久，有的可能尚处于半固结状态就被强烈的水动力破碎、搬运和磨蚀，并在不太远的地方，即水动力条件相对较弱的环境中堆积下来，再经过成岩作用，就形成了砾屑灰岩。下面简要介绍砾屑灰岩的鉴定方法。

砾屑灰岩的颜色为灰绿色略带灰红色,颜色分布不均匀。

砾屑灰岩几乎全由方解石组成,含微量的铁质。

砾屑灰岩中的颗粒主要为砾屑,圆度较差,断面呈长条形,似板条状,大小不一,表面被氧化铁包围。砾屑灰岩中还有少量砂屑,其成分是泥晶灰岩,充填于砾屑之间(图 11)。

图 11 山东省新泰市封山剖面板条状砾屑灰岩

❖❖方解石

方解石(图 12)是一种碳酸钙矿物,天然碳酸钙中较常见的就是它。方解石的用途十分广泛,常被用作化工、水泥等工业原料。敲击方解石可以得到很多方形碎块,故得名方解石。下面简要介绍方解石的鉴定方法。

　　方解石的晶形多样，常见的有菱面体，集合体多呈粒状、钟乳状、致密块状、晶簇状等。方解石多为白色或无色，有时因含杂质被染成各种色彩。方解石的相对密度为 2.6～2.8，硬度为 3，带有玻璃光泽，遇冷稀盐酸会剧烈起泡，可产于各种岩石中，是石灰岩的主要组成矿物，可做石灰、水泥原料以及冶金熔剂等。无色透明、晶形较大者叫冰洲石。冰洲石具有极强的双折射率和偏光性能，被广泛应用于光学领域。

❖❖❖黄铁矿

　　黄铁矿（图13）在野外因其浅黄铜的颜色和明亮的金属光泽，常被误认为黄金，所以又被称为"愚人金"。下面简要介绍黄铁矿的鉴定方法。

图 12　方解石　　　　图 13　黄铁矿

黄铁矿的晶体呈立方体或五角十二面体,相邻晶面常有互相垂直的晶面条纹,集合体呈致密块状、浸染状、结核状等。黄铁矿多为浅黄铜色,表面常有蓝紫、褐黄等色,并有绿黑色条痕。黄铁矿的相对密度为4.9～5.2,硬度为6.0～6.5,带有金属光泽,参差状或贝壳状断口分布极广,可形成于各种成因的矿床中,具开采价值者多为热液型。黄铁矿能与氧化物矿物、硫化物矿物、自然元素矿物等共生,主要用于制造硫酸或提制硫黄。

➡➡陨石鉴定方法

陨石是地球以外脱离原有运行轨道的宇宙流星或尘碎块飞快散落到地球或其他行星表面的未燃尽的石质、铁质或石铁混合的物质。陨石大致可以分为石陨石、铁陨石和石铁陨石等。陨石鉴定需要专业仪器的帮助,肉眼起到辅助作用。下面简要介绍陨石的鉴定方法。

第一步:目测。我们鉴定一块石头是否为陨石,首先要用目测,观察的主要方面是看其是否具有陨石应该有的特点,即外部的熔壳、气印、熔流线等,破损处是否有球粒、金属闪光点等。

第二步:测磁性。我们可以用磁力仪或者吸铁石来进一步检测。具体方法是用一根长约10厘米的细线的一端将一小块磁铁捆住，用手捏住细线的另一端，然后慢慢靠近待测物体，以检测其是否有磁性。这样做的好处是可以避免有些金属含量较少的石陨石，因为磁性不明显而被误判。

第三步：做切面。我们可以将待测物体做出一个切面以便进一步判断其是否为陨石。具体方法是用电砂轮或水线锯将待测物体的一角切出一个平面并抛光，观察其内部结构，看其是否具有陨石的内部特点。

第四步：电子探针检测。如果待测物体完全通过以上三关，那么我们基本上可以确定其为陨石了，这时候还需要用电子探针来具体确定它所包含的化学、岩石学成分，从而确定它的陨石分类。

以上四个步骤看起来简单，要想真正掌握却并非易事。第一步"目测"最为重要，因为条件所限，我们不可能将每一块石头都做切面，或者用电子探针检测。98％以上的待测物体是在目测的过程中确定其是否有必要继续检测的。因此，目测要求我们扎实掌握陨石的基本知识，在此基础之上还要长期观察陨石实物，这里强调的是上手看，仔细观察（图14、图15）。

图 14　Shanshan002 碳质球粒陨石　　图 15　吉木乃铁陨石

➡➡**地质旅游实践**

　　地质类专业的重要特点之一是实践性特别强。从认识实习到综合实习,再到生产实习,直到最后的毕业实习,构成了完备的实践教学体系。通过学习,同学们在欣赏祖国大好河山的同时,能够更加深刻地体会到大自然的鬼斧神工,相信会别有一番感悟。同学们可以实现一步跨过十几亿年的穿越,可以近距离体验"万里长城第一山"的巍峨,可以远眺堰塞湖并感受那份静谧。此外,同学们还可以领略到花岗岩地貌的雄壮,河流地貌的秀美,湖泊的烟波浩渺,溶洞的怪石嶙峋。

　　国际上许多著名的国家公园都是具有双重功能的游览胜地。例如,美国科罗拉多大峡谷两岸是由不同地质年代的岩层层叠而成的峭壁悬崖,其蜿蜒曲折,绚丽非凡,是著名的地质旅游胜地。有"卢塞恩玻璃宫"之称,由冰川侵蚀而成的石洞、石穴组成的瑞士冰河公园,以史前

地质类专业人才的历练

冰河遗迹（包括阿尔卑斯山岩块——冰蘑菇、棕榈树化石、大象化石、恐龙化石等）以及模拟当年冰川景象和冰河时期人类生活而驰名欧洲。我国具有观赏及科研价值的地质景观也十分丰富，如有"天然化石博物馆"之称的山旺古生物化石国家级自然保护区，具有重大地史学和古生物学研究意义的自贡"大山铺恐龙化石群遗址"，岩相典型、出露良好、化石丰富的峨眉山龙门洞三叠系沉积相地层剖面，以及以大型断裂面、褶皱、构造岩等典型构造景观为特色的灌县-茂汶地区"地质十景"等，都是很有开发前景的地质旅游胜地。

随着物质生活水平的不断提高，在解决了温饱问题以后，人们就会想到提高精神生活的享受。比如，离开家门，外出观光，游览名胜古迹，寻访名山大川，特别是近十几年来，我国各地的旅游行业蓬勃发展，参加旅游的人数日益增多。

自然旅游景点大多数是由山川地貌、河流湖泊等构成的，所以学地质学的人去做导游可以发挥自身的专长。人们在畅游之余，颇有大开眼界、增长见识的感触。借他山片石，为我所用，可以对促进物质生活与精神生活的建设起到积极的作用。历史上有些政治家、科学家、史学家的成就，是与"读万卷书，行万里路"联系在一起的。后者用现代的语言来说,就是旅游吧!

　　以研究或考察地质、地理、生物、水利等为目的的"游山玩水",严格地说,并非人们常说的旅游。特别是对于地质工作者的野外旅游来说,其另有称呼,名为"地质旅游"。说得清楚一些,就是以旅游手段进行地质考察的一项业务性活动,比如,看看山容水貌,概略地了解一些地质情况等。这种旅游并不是单纯地出于雅兴或好奇,而是地质工作者联系自己的专业,随时随地增长见识的好机会。

➡➡宝石和玉石鉴赏

　　学习过矿物学和岩石学的相关知识后,宝石和玉石在我们眼中似乎也不再显得那么神秘了。宝石是具有美观性、耐久性、稀少性和工艺价值,可加工成饰品的矿物单晶体(可含双晶)。其中,美观性、耐久性、稀少性和工艺价值是对宝石的要求,矿物则是宝石的本质。比如,达到宝石要求的金刚石就是钻石。同样,玉石就是具有美观性、耐久性、稀少性和工艺价值,可加工成饰品的矿物集合体,少数为非晶质体。

　　世界五大珍贵宝石为钻石、红宝石、蓝宝石、祖母绿和金绿宝石。

地质类专业人才的历练

钻石是指经过琢磨的金刚石,金刚石是一种天然矿物,是钻石的原石。钻石是在地球深部高压、高温条件下形成的一种由碳元素组成的单质晶体,在已知的天然矿物中,它的硬度最高。纯净的钻石是无色透明的,由于微量元素的混入它会呈现出不同的颜色。钻石具有发光性,经过日光照射后,在夜晚能发出淡青色的磷光。

红宝石和蓝宝石被称为"姊妹宝石"。红宝石和蓝宝石都属于刚玉宝石,它们的主要化学成分都是三氧化二铝,之所以为不同的颜色,是因为它们含有不同的元素。红宝石因为刚玉宝石中混入元素铬(Cr)而呈现红色。除红宝石之外,其他颜色的刚玉宝石统称为蓝宝石。蓝色的蓝宝石是由于刚玉宝石中混有少量钛(Ti)和铁(Fe)杂质所致。

祖母绿属于绿柱石家族,其主要化学成分为铍铝硅酸盐,由于含有元素铬(Cr)而呈现翠绿色,被誉为"绿宝石之王"。

猫眼效应(图16)是指在平行光线照射下,以弧面形切磨的某些宝石表面呈现出一条明亮的光带,随宝石或光线的移动,光带也随之移动或出现光带张合的现象。猫眼效应可以出现在不同的宝石上,但只有具有猫眼效应的金绿宝石才可被称为猫眼石。

翡翠被誉为"玉石之王",主要是由硬玉或硬玉及其他钠质、钠钙质辉石(钠铬辉石、绿辉石)组成的,具有工艺价值的矿物集合体,可含少量角闪石、长石、铬铁矿等矿物。翡翠的颜色多种多样,有白色、红色、绿色、黄色、紫色、黑色等。一般将红色和黄色的称为"翡",如红翡、黄翡,而将紫色的称为"紫罗兰"。翡翠颜色的评价标准是"浓、阳、正、匀":"浓"指颜色的饱和度,颜色深浅适中为佳;"阳"指颜色的明亮度,鲜亮、明艳为佳;"正"指颜色的纯正度,没有杂色混在其中为佳;"匀"指颜色的分布,面积均匀、色调均匀为佳(图17)。

图 16　不同宝石的猫眼效应　　图 17　切开的翡翠原石

➡➡将今论古思维的培养

将今论古是地质学的传统思维方法。将今论古的思维方法最早可追溯到 19 世纪 30 年代英国人查尔斯·莱伊尔出版的《地质学原理》一书。该书将当时各种地质知

地质类专业人才的历练

识和地质思想加以系统化,同时深入地论证了古代地质作用与现代地质作用的相似性,确立了将今论古,即"现在是认识过去的钥匙"这一地质学的基本原理,为进行地质学研究找到了一个普遍运用的基本方法。下面介绍几个将今论古思维的实例。

❖❖根据造礁珊瑚化石推断古地理环境

生物化石是重建古地理环境的重要依据。现代造礁珊瑚生存在热带、亚热带浅海中,在年平均温度低于18 ℃的海域只能生存,不能造礁。因而,造礁珊瑚化石的存在表明该处古地理环境为浅海环境,且属于热带、亚热带环境。

❖❖根据化学元素推断古地理环境

通过现代研究可知,海洋介壳类生物外壳中镁和锶的含量随水温而变化。根据海底富含无脊椎动物介壳的钙质沉积物中镁和锶的含量可推断古地理环境:含量较高,一般为低纬暖水环境;含量较低,一般为高纬冷水环境。

❖❖根据砂岩推断古地理环境

被高价氧化铁所染红的砂岩,具有指示高温、低纬的古地理环境的作用。沉积物和化石的化学性记录了当时当地的环境特点。例如,在我国南方广泛分布的丹霞地貌就是典型的由红色砂岩构成的地貌(图 18)。

图 18　江西赣州丹霞地貌

　　虽然地质学的现有成果很大程度上是建立在将今论古思维之上的,但是,随着对客观现象认识的不断深入,人们已经发现不同地质时期内条件是不同的。地质作用的规律也有相应的变化,现在并不是简单地重复过去,因而不能将过去的地质作用规律和现在正在进行的地质作用规律不加分析地等同起来。例如,海百合现在只生长在深海,但是在数亿年前,海百合是同造礁珊瑚等典型的浅海生物生活在一起的。

▶▶地质类专业人才的研究能力培养

　　地质学是研究地球的物质组成、内部构造、外部特征、各圈层之间的相互作用和演变历史的学科。人们对大自然的很多疑问,都属于地质学的研究范畴。比如,地球是什么时间形成的？火山为何会爆发？沧海如何变桑田？坚硬的岩石是火成的还是水成的？霸王龙为何不见了？喜马拉雅山还会继续长高吗？地球磁场是亘古不变的吗？美丽的宝石经历了怎样的生长过程？我们可以去哪里找到想要的矿产？正如人们所能想象的，地质学的研究内容纷繁多样、包罗万象。在地质学诸多的研究领域中，矿床学是与人类社会经济活动联系较紧密的一门子学科。它主要研究成矿物质的源、运、储，即有用组分是从哪里来的？经过什么样的旅程？最后在哪里富集成矿？在长期的实践过程中，人们已总结出一套对矿床进行研究的方法，包括现场（野外）观察、室内研究、综合分析三个阶段。在此基础上，进一步阐明矿床地质特征，分析、对比、总结矿床成因以及矿床和矿体的时空分布规律，对找矿勘探工作提出建议。

➡➡学习认识

　　我国的古生物学和地层学思想基础从三国时期就开始出现了，例如，《神仙传·麻姑》中写道："麻姑自说云，接待以来，已见东海三为桑田"，说明古人已经意识到了化石和地层的存在。传统的古生物学研究内容主要围绕化石的采集、处理、复原、鉴定、描述和分类等工作，地层学主要围绕地层叠覆原理、原始水平性原理和原始侧向连续原理开展研究,这些也是当前古生物学和地层学研究人员的基础工作内容。随着学科体系的不断发展,虽然研究的客体还是化石和地层,但古生物学家和地层学家不断尝试和追求将新的方法和手段应用到研究中,促成了现代古生物学和地层学概念的产生。例如:他们利用计算机软件对化石标本个体进行定量或者半定量的测量,用以鉴定属种;利用CT设备对化石标本个体进行3D成像,用以认识其内部功能性结构;对化石标本个体进行同位素地球化学指标的测定,用以反映它的生存环境以及环境对生物体的影响;测定地层中一些放射性元素的含量和比值,计算地层形成的绝对年龄;等等。这些创新性的研究促成了定量古生物学、定量地层学和同位素年代学等一批学科方向的产生和发展。入选2020年度中国科学十大进展的一项古生物学研究成果——大数据刻画出迄今最高精度的地球3亿年生物多样性演变历史的具体研究工作包括:化石的采集、处理和鉴定,文献资料的收集和数据化,地层信息的厘定和标准化,专用软件的编写,"天河二号"超算系统的运算和输出以及数据的解释,等等。因此,一项高水平的科学研究通常需要多个学科方向的科研人员共同完成。

地质类专业人才的历练

地球化学是地球科学的一部分，是研究地球及其子系统（含部分宇宙体）的化学组成、化学作用和化学演化的学科，"见微知著"是地球化学的研究思路。自然过程在形成宏观地质体的同时也留下微观踪迹，其中包括了重要的地球化学信息，地球化学就是通过这些微观踪迹来追踪地球历史的。科学技术的发展，各种高精尖仪器的研发，灵敏高效的分析技术的引入，例如，高分辨率电感耦合等离子体质谱仪、X射线荧光光谱仪、场发射扫描电子显微镜（图19）、电子探针等仪器，加快了地球化学的发展进程。通过地球化学手段（包括主量元素、微量元素、同位素技术）研究矿床的物质来源、成矿机理、成矿过程、赋存位置和状态，可以解决矿产资源、能源和环境等方面的问题。此外，地球化学在生命起源、元素合成的研究中，也发挥着巨大的作用。了解地球化学的研究内容，学会地球化学的基本理论、基本知识和基本技能，并能运用地球化学基本理论解决地质、资源、能源等复杂工程问题，可以适应新形势下的地球科学发展，满足国家在资源、能源、环境等相关领域对地球化学人才的需要，为国家培养出能从事矿床地球化学、环境地球化学、勘查地球化学等学科专业领域的生产、科研、教学和管理方面工作的应用型人才。

图 19 场发射扫描电子显微镜

➡➡科学研究

　　科学技术是第一生产力,成矿理论的创新是支撑找矿突破的重要利器。人类发现石油的历史可以追溯到几千年前,但自近代石油勘探技术在中国出现以来,近半个多世纪,中国的石油工业几乎没有什么发展,其中一个重要原因是受到传统的"海相生油理论"的束缚。1941 年,中国提出了"陆相生油理论",在此理论的指引下,在松辽盆地发现了大庆油田,随后又相继发现了大港油田和辽河油田。

　　铜是一种重要的金属,具有优良的导电性、导热性、延展性、耐腐蚀性、耐磨性等,被广泛地应用于电力、电子、机械、冶金、交通等领域。在很长时间内,全球铜矿资源的勘探开发速度跟不上日益增长的社会需求。自1970年以来，随着板块构造学说的兴起和斑岩铜矿地质模型的建立，世界各地掀起了斑岩铜矿勘查的热潮，相继发现智利埃斯康迪达、印度马兰杰坎德、印尼格拉斯伯格、阿根廷埃瓜利卡、中国玉龙等大型及超大型斑岩铜矿，使得斑岩铜矿成为世界上铜资源的主要来源。

　　矿床学研究的基本目的是指导矿产勘查和矿山开发，而在矿产勘查和矿山开发的过程中既能检验成矿理论，又会有新的发现，二者相互促进，共同发展。做好矿床学研究，离不开现场（野外）工作的细致观察和编录。现场工作是了解矿床范围内地质情况的重要方式，是进行矿床学研究的基础。走近大自然，与蓝天白云、青山绿水为伴，这是令很多人向往的生活，对地质人来说更是一项有趣且有价值的事业。对于如何做好矿床地质研究工作，著名矿床学家、地球化学家涂光炽有精辟的阐述："设想要海阔天空，观察要全面细致；实验要准确可靠，分析要客观周到；立论要有根有据，推论要适可而止；结论要留有余地，表达要言简意赅。"这也是涂先生与青年科学工作者共勉的座右铭。

➡➡创新能力

创新,是一个民族、国家赖以生存的"灵魂",是成为高新人才所应具备的素质。作为一名科研人员,创新能力是必不可少的素质。在科学研究中提升自身创新能力分为四个步骤。

首先,夯实创新基础。创新不是凭空捏造,不是不切实际的异想天开,它是建立在前期知识的基础上的。知识是创新的基础。当知识完成量的积累后,才可能为创新的实现提供必要的智力支持。我们需要系统学习、掌握地质学的基本概念,建立地质学知识体系,同时广泛关注地质学研究前沿,把握相关领域最新动态。

其次,培养创新思维。"尽信书不如无书。"在科学研究实践中应勤于思考,善于发现,敢于质疑,勇于创新。对已获取的地质学知识体系进行梳理与思考,有意识地从常规思维的反方向去思考和发现问题,对权威敢于提出质疑,对领域前沿问题勇于提出自己的解决办法。

再次,投身创新实践。创新深植于知识,而践行于行动,实践出真知,实践长才干。要勇于尝试自己提出的创新思路,积极开展科学研究。只有当实践与创新的想法有机结合,不断试错、总结、反思、调整后,创新才可能最终得以实现,并在此过程中不断锤炼自身的科学研究能力。

最后,锻炼心理承受能力。我们都是在和大自然或者复杂的社会打交道,挑战自己的极限,有成功,更有失败。科研创新者会不断经历失败,并对自己的工作产生怀疑。强大的心理承受能力和对创新坚定的信念是我们坚持科研创新之路的支撑和保障,坚信我们的创新之路是通向光明的。

➡️➡️推广应用

地球历经约 46 亿年的演化历史,发生过复杂而多彩的各类地质事件,如造山建海,成就了现代地球。地球的物质组成、圈层结构、板块构造、矿产资源成藏及分布、地质灾害源定位、工程场地的探测及评价等诸多问题,与人类的生存与发展息息相关,困扰了人类社会数千年。随着近代物理学、地质学和计算机科学的快速发展,地球物理学作为一门新兴、高科技的交叉学科应运而生,为人类透视地球提供了魔法水晶球。

❖❖地球物理技术应用

地球物理学以地球为研究对象,以物理学原理为理论基础,以现代仪器装备和高性能计算机为工具,在无损条件下实现对地球浅、中、深目标体的精准成像,透视地球。利用地质目标体间的密度差异,通过"牛顿的苹果"(重力法),可以探测金矿、铁矿等金属矿床,动态监测地壳厚度的变化和地震、火山喷发等重大地质灾害事件。利用地质目标体间的电阻率差异,通过万用表(电阻率法),可以区分出地下的高阻空洞和低阻含水区,为人类寻找水资源。利用地质目标体间的介电常数差异,通过航空电磁法,可以动态监测南极冰川厚度的季节性变化,了解全球气候变化的影响。利用声波在水中遇到障碍物会反射的现象,通过回声定位(声呐),可以发现隐蔽在大洋深处的潜艇。利用人工地震波在地下传播的反射现象,通过在地表人工激发和接收地震波,可以听到地球深部反射回地面的振动信息,寻找煤、油、气等自然资源(图20)。利用高频电磁波在地质界面上会发生反射的现象,通过探地雷达,可以发现路基病害(图21)。总之,利用地质目标体与其围岩间的物理参数差异,通过密集观测和大数据处理,可以有效实现地质目标体的精准探测。

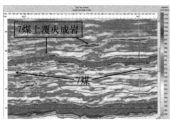

图 20　人工地震波探测煤层埋深及赋存状态

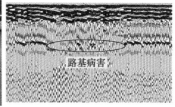

图 21　探地雷达探测路基病害

✦✦地球信息科学与技术应用

　　地球信息在线监测与智能预警：煤层气项目风险评价决策支持系统。基于煤层气地质学、技术经济学、多源信息融合技术等，研究并建立了煤层气项目风险评价的理论与方法体系。基于软件工程思想，以 Visual Studio 2010（C♯）为开发平台，并结合数据库、ADO. NET、Echarts 等技术构建了煤层气项目风险评价决策支持系统。

该决策支持系统以煤层气开发风险评价为目标，结合多种数学方法计算煤层气开发风险的权重，利用综合评价模型获得各个煤层气井的风险值，最后进行风险分析，帮助煤层气开发项目投资管理者进行风险评价和辅助决策。

该决策支持系统包含煤层气经济评价功能模块和风险评价功能模块。其中的风险评价方法包括模糊评价、层次分析、三角模糊数分析、熵值法分析等，利用决策支持系统，可为煤层气项目风险评价和风险防控提供定量依据。系统主要功能如图 22 所示。

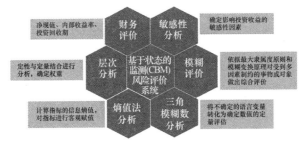

图 22 煤层气项目风险评价决策支持系统的主要功能

地学信息化与大数据分析：CO_2 地质封存泄漏监测与智能预警。CO_2 地质封存泄漏监测是核查和验证 CO_2 地质封存的有效性、持久性和安全性的关键，对推动碳捕获与封存(CCS)安全评估和风险控制的深层次研究有着重要的理论与现实意义。

从地球信息科学技术上推进CO₂捕集与封存监测技术研究的开展，促进CO₂地质封存泄漏的地表实时监测技术研究。利用物联网技术研发CO₂地表浓度远程实时监测仪器；利用大数据和人工智能技术分析大气CO₂本底浓度时空分异；利用云计算设计研发CO₂地质封存泄漏可视化监测平台。

地质时空过程数值模拟：多物理-化学场耦合成矿过程数值模拟。热液矿床的成矿过程一直以来都是矿床学研究的热点和难点。传统矿床学研究多为定性描述或半定量研究，对于热液矿床的成矿过程及其中的复杂耦合机制等需要定量化求解的问题则难以解答。研究人员选择具有经济价值和研究价值的斑岩型矿床与矽卡岩型矿床作为研究对象，基于力—传热—流体流动—化学反应—溶质运移等多过程耦合进行数值模拟研究。研究结果验证了热液矿床的相关理论，同时为热液矿床的成矿预测提供了依据，为研究区的找矿勘探工作提供了新的信息，具有重要的理论与实践意义。

城市碳排放监测信息在线聚合方法：由人类活动主导的城市碳排放对全球气候变化产生了深远影响，然而当前城市碳排放扩散运移规律研究未能与多尺度的实时监测信息在线聚合，难以反映动态实况。研究城市碳排放实时监测信息在线聚合可为城市碳排放扩散运移规律研究提供新的理论与方法，可为我国应对国际气候变化谈判提供重要的科学支撑。

如图23所示，城市碳排放监测能够帮助解析城市格局、地形地貌和气象条件等局地环境对碳排放扩散运移过程的影响，优化部署城市碳排放无线传感器实时监测网络，综合利用局域无线传感器网络（WSN）监测数据，实现多源异构传感监测信息的分布式分簇融合；利用区域全球大气观测网（GAW）的观测数据，有效筛分 WSN 实时监测数据的自然本底浓度，在统一时空框架下构建多尺度协同观测信息共享模型；基于 TanSat、OCO-2、AIRS 等嗅碳卫星观测数据，基于地理空间信息数据交换格式设计实时观测信息的流式接入扩散运移模型方法，进行实时监测数据与运移模型 Web 服务在线聚合方法研究。

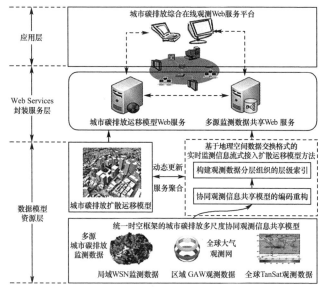

图 23　城市碳排放监测信息在线聚合技术框架

▶▶地质人的哲学观

　　地质类科技工作者的研究对象有丰富的时空尺度：在时间上，研究以百万年为时间单位的地质现象（如沉积学、构造学等），也研究以秒、毫秒为时间单位的岩石行为（如应用地球物理学、岩石物理学等）；在空间上，研究以千米为空间单位的壳幔结构（如沉积学、构造学、固体地球物理学等），也研究以微米及纳米为空间单位的矿物结构（如岩石学与矿物学等）。同时，随着我国太空探测科学的发展，地质类的科研工作也早已拓展到了地球之外（如空间地球物理学）。地质人在探索地球的本质、构成、运动变化规律及人地关系的过程中，获得对客观世界的理性认知和辩证思维，并依托所学到的专业知识构建起地球科学系统观与方法论，这对培养年轻人敬畏自然、热爱生命、尊重科学的思想起着重要作用。同时，由于地质类专业的研究对象既有瑰丽的自然现象，也有微妙的科学过程，其专业思想在哲学层面上与我国的传统文化思想可谓息息相通，与源自西方的马克思主义哲学及科学哲学思想也密不可分，因而学习地质类专业将有助于培养学子们树立正确的世界观和人生观。

李佩成院士提出，实现人地和谐需要改造人的主观世界，尊重自然，做到"三态平衡"。"三态"是指生态、心态和世态，其中，生态指生物与环境的关系及其相互作用，心态指驱动人的行为的心理态势，世态指驱动众人行为，影响人际关系、天人关系的社会态势。"三态"有着辩证关系，只有做到心态、世态的平衡，才能真正实现生态的平衡。实现人与自然和谐发展，需要树立地球科学的新思维，扩大其功能和研究领域，综合解决找矿、采矿和环境安全等问题。地球科学与地质工作者，在做好找矿

地质类专业人才的历练

的同时，还应在采矿过程中做好保护环境的工作。

陈梦熊院士提出了水文地质学、工程地质学、环境地质学的学科体系、目标任务、推动力量和前沿方向。他进一步阐明：面向社会、服务用户、实现有序地球管理、为可持续发展服务是地球科学研究的重要目标；协调好水资源与环境同经济社会可持续发展的关系是水文地质学面临的艰巨任务；重心从工程勘查向地质灾害防治转移是工程地质学服务社会发展的必然结果；关注全球变化，预测未来生存环境，促进人口、资源、环境协调发展是环境地质学的根本宗旨。地下水系统是一个开放的、动态的非线性复合系统，表现出巨大的时空变异性和复杂的演化规律。随着对地下水认识的不断深入以及自然哲学领域的不断进步，信息论、控制论、系统论、分形理论、混沌理论和熵理论等各种方法论在水文地质研究领域得到了广泛的应用。

地质类专业人才的使命担当

探索地球奥秘,奉献能源事业。

——刘光鼎

▶▶勘天查地,服务宜居地球

无论在过去还是未来,生命的存在都需要充足的能源供应,而人类在这方面需要得更多。当前,我国经济飞速发展,对能源的需求日益增大,在开发能源的同时关注环境问题极为重要。深地资源勘查开采需要通过钻探取样来较准确地预先描述并评估,例如,地下水资源需要评估其是否可以开采,资源量有多少,还需要知道这样的地层是不是可以将不需要的气体捕集封存在地下,以避免引发严重的环境问题。

➡➡**深地工程**

如果说上天需要卫星,那么入地则需要地下"望远镜",即钻探技术。钻探技术是指利用钻机、钻具、钻头等系列钻进配套工具,施加计算设定的工艺参数,向地层中钻凿出目标地层的岩心/岩样(图 24)。通过对这些取出的岩心/岩样进行分析,工程技术人员可以获得目标地层的资源量、资源分布规律或地层储存温室气体能力的、直接有效的参考数据。

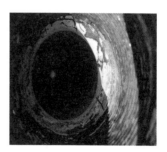

图 24　科学深钻钻井作业平台(左)与钻孔(右)

➡➡**煤里寻宝**

19 世纪中期,随着显微镜在煤炭微观研究中的应用,人们发现煤是从植物转变而来的,这证明了煤的有机成因说。

煤的形成是自然界生物成矿作用的重要地质事件，其赋存和分布不仅受古植物、古气候和古地理环境的制约，也受一定构造格局的控制。煤是由古代植物遗体经过漫长的时间转变成的一种固体可燃有机岩，为不可再生能源，其岩石组成比较复杂，用肉眼观察可以分出不同的煤岩成分和宏观煤岩类型，用显微镜观测可以进一步分出各种显微组分和显微煤岩类型。影响煤形成的三大要素包括温度、压力、时间(图 25)。

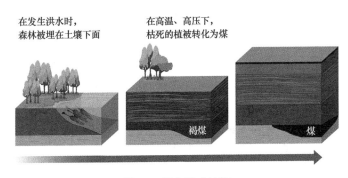

在发生洪水时，
森林被埋在土壤下面

在高温、高压下，
枯死的植被转化为煤

褐煤

煤

图 25　煤的形成过程

　　根据干燥无灰基挥发分等指标，煤可以分为无烟煤、烟煤和褐煤；根据干燥无灰基挥发分及黏结指数等指标，烟煤可以分为贫煤、贫瘦煤、瘦煤、焦煤、肥煤、1/3 焦煤、气肥煤、气煤、1/2 中黏煤、弱黏煤、不黏煤及长焰煤。

　　煤的组成主要包括有机质和无机质，有机质分为镜

地质类专业人才的使命担当

质体和角质体(图 26)，无机质主要是无机矿物。

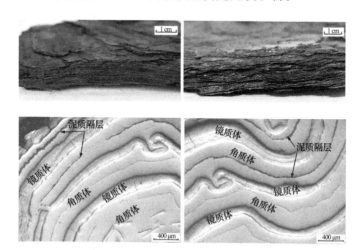

图 26　泥盆纪角质残植煤的宏观、微观特征

　　提到煤，大家想到的似乎总是其貌不扬、黑乎乎的煤块。其实，煤在黝黑的外表下，隐藏着一颗"璀璨的心"。煤由古代植物遗体经高温、高压作用，历经数百万年形成，是一种具有高度还原障和吸附障的有机矿产。除了可作为燃料外，在特定的地质条件下，煤中的有益微量元素可以富集成相当规模的共伴生矿产，形成煤和含煤岩系中潜在的共伴生矿产资源，在一定的技术条件下可以开采利用。特别是煤和含煤岩系中的稀有金属元素，已经成为煤地质学的研究热点之一。这些稀有金属元素包

括锂（Li）、钪（Sc）、钛（Ti）、钒（V）、镓（Ga）、锗（Ge）、硒（Se）、锆（Zr）、铌（Nb）、铪（Hf）、钽（Ta）、铀（U）、稀土元素（包括镧系元素和钇）、贵金属等。面对全球矿产资源日趋紧缺以及我国经济快速发展带来的矿产资源短缺的巨大压力，新型矿产资源的寻找、开发和利用，对保障我国资源安全具有重要意义。

目前，国内外均已发现了一些煤型稀有金属矿床。典型的煤型稀有金属矿床有煤-铀矿床、煤-锗矿床、煤-稀土矿床和煤-镓（铝）矿床。

➡➡天然气开发利用

天然气是清洁、低碳、优质的化石能源，也是从传统化石能源利用向清洁能源利用过渡的重要桥梁。天然气分为常规天然气与非常规天然气，非常规天然气在成藏机理、赋存状态、分布规律或勘探开发方式等方面均与常规天然气不同。其中，煤系非常规天然气（以下简称"煤系气"）特指赋存于煤系储层中的天然气，包括煤层气、致密砂岩气与页岩气等，是非常规天然气的重要组成部分（图27）。

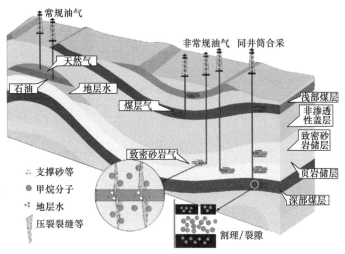

图 27　煤系非常规天然气的赋存特征

　　大力勘探开发煤系气资源,可以减少煤矿瓦斯事故,减少瓦斯排放造成的温室气体污染,推动化石能源清洁高效利用,完善国家天然气供应,保障国家能源安全,提升国民生活质量,助力"十四五"规划和 2035 年远景目标的实现,也是推动实现 2030 年碳达峰和 2060 年碳中和的重要途径。

➡➡环境地质

　　环境地质作为人地关系发展的产物,以人地相互作用和相互关系为研究核心,旨在服务于人与自然可持续发展,已成为当今国内外地质学界关注的热点。环境地质有广义和狭义之分。广义的环境地质包括环境水文地质、环境工程地质、环境地球化学、生态环境地质等,属于环境科学的范畴。狭义的环境地质主要涉及与人类活动相关的地下水、地质灾害、矿山地质环境、水土环境等研究领域。

"环境地质"一词最早出现于 20 世纪六七十年代西方国家的一些文献中。当时,美国、英国等工业发达国家已经意识到解决环境地质问题的迫切性,将地质灾害、资源开发利用等列入环境地质研究的范畴。至 20 世纪90 年代,环境地质得到了国际地质学界的广泛关注,逐步发展为地质学的一个分支学科,这推动了环境地质研究的快速发展。该时期的环境地质研究主要集中于地质灾害、海岸带环境、地下水资源保护和管理、能源开发及其对环境的影响,以及城市环境地质等。

我国的环境地质研究始于 20 世纪 80 年代,是为了满足国家改革开放时期重大工程建设和城市快速发展的需要而产生的。国内一批学者相继引入环境地质理念,并进行了深入讨论和研究。当时,我国的环境地质研究主要集中在区域性环境地质调查与编图、水资源开发与生态环境问题研究、地质灾害防治等方面,并初步建立起全国地质环境监测网，为国民经济建设和社会发展做出了重要贡献。

自 20 世纪 80 年代起，矿山环境地质研究得到了重视和发展，主要研究内容为矿产资源开发活动与地质环境之间的相互影响与制约关系，目的是在合理开发利用矿产资源的同时，减轻和减少矿山环境地质问题，促进矿业健康发展。当前，我国矿山环境地质研究主要集中于矿山环境地质问题的形成机理、环境影响评估、土地复垦和生态环境修复、矿山地质灾害防治、固体废物堆放填埋和处理、环境污染治理等。相关研究工作为《全国矿产资源规划（2021—2025 年）》的编制、矿山地质环境保护与恢复治理、矿山"复绿行动"等提供了重要的决策依据。

➡➡碳达峰和碳中和

当前严重威胁人类生存与发展的气候变化一部分是由工业革命以来人类活动造成的二氧化碳大量排放引起的。应对气候变化的关键在于"控碳"，其必由之路是先实现碳达峰，而后实现碳中和。碳达峰是指某个地区或行业年度二氧化碳排放量达到历史最高值，然后经历平台期进入持续下降的过程，是二氧化碳排放量由增转降的历史拐点。碳中和是指某个地区在一定时间内人为活动直接和间接排放的二氧化碳,与其通过植树造林等吸收的二氧化碳相互抵消,实现二氧化碳"净零排放"。我国是油气资源相对较少、煤炭资源相对丰富的国家,利用油气田注二氧化碳法提高采收率可以实现"减碳增油",为我国实现碳达峰和碳中和提供了重要途径。

中国石油吉林油田注二氧化碳提高采收率项目(CO_2-EOR)(图 28)先导试验区于 2008 年 4 月建成,是中国第一个 CO_2-EOR 项目示范区,也是中国第一个全流程碳捕集与封存项目。中国石油吉林油田 CO_2-EOR 项目已实现二氧化碳回收循环注入,达到二氧化碳零排放的目的,为二氧化碳的捕集与封存提供了优秀的示范案例,其二氧化碳增采工业技术和先进经验已在全国推广。

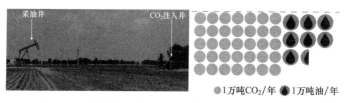

采油井　　　　　CO_2注入井

🔵1万吨CO_2/年　⚫1万吨油/年

图 28　中国石油吉林油田注二氧化碳提高采收率项目

▶▶**探矿寻宝,服务活力地球**

地球物理勘探简称物探,是指通过研究和观测各种地球物理场的变化来探测地层岩性、地质构造等地质条

105

件。组成地壳的不同岩层介质往往在密度、弹性、导电性、磁性、放射性以及导热性等方面存在差异，这些差异将引起相应的地球物理场的局部变化。通过监测这些物理场的分布和变化特征，结合已知地质资料进行分析研究，我们就可以达到推断地质性状的目的。该方法兼有勘探与试验两种功能，和钻探相比，具有设备轻便、成本低、效率高、工作空间广等优点。

➡➡石油天然气勘探

石油天然气勘探是利用各种勘探手段了解地下的地质状况，认识生油，储油，油气的生成、运移、聚集、保存等条件，综合评价含油气远景，确定油气聚集的有利地区，找到储油气的圈闭，并探明油气田面积，弄清油气层情况和产出能力的过程。

我国目前发现的油气资源主要位于陆地，例如大庆油田，位于松辽平原中央部分。大庆油区的发现和开发，证实了陆相地层能够生油并能形成大油田，从而丰富和发展了石油地质学理论，改变了中国石油工业的落后面貌，对中国工业发展产生了极大的影响。我国对海底石油(包括天然气)的开采始于20世纪初，但在相当长时期内仅发现少量的海底油田，直到20世纪60年代后期海上石油的勘探和开采才获得突飞猛进的发展。

陆上石油天然气勘探和海上石油天然气勘探的原理和方法是比较一致的,但是施工方式和设备是不同的。以地震勘探为例,陆上地震勘探是由震源车激发地震波并由地面检波器接收反射波信号,进而对地下进行勘探;而海上地震勘探是由震源船激发声波,由海面拖缆检波器或者海底检波器接收反射波信号,进而对地下进行勘探。石油开采设备也不同,陆地上石油开采用的是采油机(俗称"磕头机"),而海上油气开采用的是海上钻井平台。

❖❖❖石油天然气勘探理论

原始找油理论:19 世纪 40 年代以前,找油是从观察出露到地表的油或气(被称为"油气苗")入手的。勘探队员们在野外寻找和打听工区内有没有石油或冒气泡的水泉,这是当时最直观的找油方法。我国的克拉玛依油田因其附近有"黑油山"而引起人们的注意;独山子油田以含油气的泥水长期溢流而成的"泥火山"著称;玉门油田其旁有"石油沟";延长油矿范围内有多处油气苗出露;四川最早利用气井的自贡,也有不少油气苗可以点燃,这在古籍中也有记载。

圈闭找油理论：19 世纪 40 年代至 20 世纪 40 年代，人们在长期寻找和利用石油的实践中，逐渐认识到油气的聚集与背斜构造有关。这个理论指导了油气勘探近百年，在此过程中，人们逐步完善了物探方法，运用重力、电、磁等进行油气勘探，有机成油说逐渐占据了统治地位。

盆地找油理论：20 世纪 40 年代至今，由于科技的迅速发展和油气田的大规模勘探开发，人们获得了丰富的地质资料，对油气的生成、运移、聚集等各方面的规律有了进一步的认识，开始将油气田同更大规模的地质构造单元联系起来。我国著名地质学家朱夏提出了"将盆地作为一个整体，率先考察它的全貌，进一步按构造、沉积等方面的特征把盆地划分为若干不同含油气远景区"的找油方针。

❖❖石油天然气勘探流程

调查阶段：通过地面地质调查、地球物理测量或地球化学探测调查油气藏存在的条件。区域普查子阶段：主要任务是从整个区域着眼，了解区域地质概况及大体构造轮廓，划分构造单元，初步查明生油、储油条件，评价区域含油远景，划分可能的含油气有利地带。综合详查子阶段：主要任务是在区域普查子阶段发现含油气有利地区以后,采用多种勘探方法,进一步查明生油、储油的有利地区。

勘探阶段:采用钻探井的方法,通过取岩心和测试油气层验证油气层是否存在。预探子阶段:主要任务是在详查确定的可能含油的构造上,根据油气生成、运移、聚集、保存等成油因素综合评价,选出有利的二级构造带和最有希望的三级构造带,钻预探井,证实地下是否有油气流。初探子阶段:主要任务是在预探已证实的工业性油气藏面积上,视不同类型的构造和圈闭条件,采用不同的布探井方法,进行钻探,探明油藏边界、初步储量、面积(三级),迅速掌握油藏的大体规模。详探子阶段:主要任务是在经过初探大体圈定的含油面积内,进一步钻探和开辟生产实验区,详细研究油气藏的地质特征(含油层变化规律,压力系统和产量动态,油、气、水情况),算准储量,为油藏开发取得全部必要的数据。

❖❖石油天然气勘探方法

石油天然气主要的勘探方法有以下四类:地质法、地球物理法、地球化学法和钻探法。

地质法

地质法是利用地质资料寻找油气田的基本方法。一是观察、丈量主要的沉积地层剖面,从地表露头和其他施工坑道钻孔取样进行分析鉴定,重点解决地层时代、生储油条件;二是进行油气苗调查,确定其产层,取得油气分析数据,以便分析油气苗的成因和来源;三是参照遥感解译成果,确定调查区域边界,并有针对性地收集有关资料,了解调查区域的地质结构、区域构造轮廓与大断裂展布;四是通过地面地质调查了解地面地理条件,为部署物探、化探做准备。

地球物理法

重力勘探:各种岩石和矿物的密度是不同的,根据万有引力定律,其引力也不同。据此研究出的重力测量仪器可以测量地面上各个部位的重力,排除区域性重力场的影响,就可得出局部的重力差值,发现异常区,这种方法称作重力勘探。1975 年,在任丘潜山油田的发现过程中,重力勘探做出了重大贡献。

磁力勘探:各种岩石和矿物的磁性是不同的,测定地面各部位的磁力来研究地下岩石矿物的分布和地质构造,称作磁力勘探。20 世纪 50 年代末期,松辽盆地的航空磁测异常表明松辽盆地中的隆起(大庆长垣)为负磁力异常,被确定为最有希望的油气聚集区。

电法勘探:实质上是利用岩石和矿物(包括其中的流体)的电阻率不同,通过观测天然的或由人工激发的电磁场的分布来研究地下地质构造,寻找油气资源和各种矿产资源,解决环境、工程、灾害等地质问题。电法勘探技术主要包括电阻率法、海洋可控源电磁法和时频电磁法。在我国大庆油田发现井——松基 3 井井位定位过程中,电法勘探就发挥了重要的作用。

地震勘探:通过人工方法激发地震波,研究地震波在地层中的传播情况,如地震波的传播时间、传播速度、振幅、频率、相位等,即可得到地下不同地层分界面的埋藏深度、岩性及油气分布等,进而查明地下地质构造,是为寻找油气田或其他矿产资源服务的一种物探方法。地震勘探是石油勘探中一种最常见和最重要的方法。

地球化学法

根据大多数油气藏的上方都存在着烃类扩散的"蚀变晕"的特点,用化学方法寻找这类异常区,从而发现油气田,就是地球化学法勘探。它通过测定地下油气向地表扩散和渗滤的微量烃类与周围介质所发生的生物化学、物理化学作用的产物,并根据这些产物的异常区(如生物体元素异常区,大气、水体、土壤等元素异常区)来预测地下油气藏的存在。

钻探法

钻探法就是利用钻井寻找油气田的方法,采用特殊的钻探设备或装置,将地层钻穿,直接探测地下地层中油气的存在与分布,是发现和开发油气田较为有效、直接的一种勘探技术。

➡➡煤炭资源勘探

煤炭,素有"黑金"之称,是现代工业的动力支柱,煤田地球勘探工作则是发现这一黑金资源的"开路先锋",是保证煤炭资源质量的关键,也是为煤矿安全生产保驾护航的科技法宝。借助重、磁、电、震四大技术,地球物理方法在煤田勘探中犹如穿透地层的"火眼金睛"。

煤田采空区的重力勘探

地下煤层开采后会形成大面积采空区,煤矿采空区的沉降或塌陷对地面各种大型工程建设和环境造成了重大的影响。许多地区煤层开采背景不清和地质环境复杂,对煤矿采空区进行有效探测被认为是一个世界难题。

比较常见的采空区探测方法是重力勘探。重力勘探堪称物探中的"娇小姐",其仪器格外怕震怕热,灵敏度甚高。有位专家形容,一只飞鸟在它旁边飞过,它都能感觉

112

(反映)出来。该方法是利用重力仪观测组成地壳的各种岩矿体的密度差异而引起的重力场变化(如重力异常、重力加速度的变化):当地下重力盈余时,在地表产生正的重力异常;当地下重力亏损时,在地表产生负的重力异常。

煤田燃烧区的磁法勘探

磁法勘探堪称物探"轻骑兵",效率高、成本低、信息多、用人少,它是利用磁力仪器,观测由岩、矿石(磁性异常体,即探测目标)磁性差异所引起的磁异常,来研究地质构造或矿产资源等的分布规律的一种地球物理勘探方法。

煤田火灾在世界各地的分布十分广泛,我国干旱少雨的西北,经常由于煤层露头的氧化作用而引起煤层自燃。煤田燃烧区的存在,给勘探、建井、开矿等带来一定危害,还波及人们的生活和环境保护等。

煤层及围岩中往往含有赤铁矿、黄铁矿、菱铁矿等铁质矿物,磁性微弱,磁化率一般也比较小。当煤层自燃后,煤层夹矸及其顶底板围岩受到高温烘烤时发生物理、化学、变质作用,变成烧变岩,铁质矿物大部分变成磁性比较强的磁铁矿(冷却过程中在地磁场磁化作用下被磁化),其磁化率和剩余磁化强度一般为煤层燃烧前的几倍至几十倍,从而与未燃烧的区域形成比较明显的磁性差异。利用磁力仪进行磁场测量,会发现正常含煤区磁场背景平稳,而燃烧区表现为明显的磁异常,磁异常可达到几千纳特。

煤田电法勘探技术的应用

电法勘探技术堪称物探"魔术师",花样繁多、信息丰富、用途广泛、成本不高。电法勘探技术所依据的是物质的导电性、电化学活动性(如电池)、介电性(如收音机中的电容器)等。在煤矿安全生产中,矿井水害为煤矿重点防治对象,其具有危险性大、不可预知、突然发生等特点。一旦发生突水,将造成工作面淹井,造成巨大的人员及财产损失。煤矿有害水源表现为低电阻率,因此,可以通过研究不同深度地层的电阻率特征,寻找地下异常体,从而达到灾害水源勘测的目的。

电法勘探技术在煤矿灾害水源的探测过程中有不少可利用的方法,如电阻率层析成像法、瞬变电磁法、甚低频电磁法、探地雷达法、可控源音频大地电磁法(CSAMT)等。

此外,当煤层中存在断层、陷落柱等影响煤矿正常开

114

采的地质构造时,无论其含水与否,都将打破地层电性在纵向和横向上的变化规律。这种变化特征的存在,为以导电性差异为应用基础的电法勘探技术的实施提供了良好的前提。

煤田三维地震勘探

三维地震勘探堪称物探中的"重武器",它研究地球内部结构的方法跟我们挑西瓜的方法相似,为了挑到好吃的西瓜,我们通常要用手拍,用耳朵听。三维地震勘探将检波器作为耳朵,将人工激发的地震波(弹性波)作为手,利用检波器"听"到地球内部产生的回声,就可以分析出地球内部的结构,如图30所示。

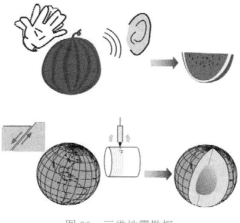

图30　三维地震勘探

煤田三维地震勘探主要用于以下几个方面：

控制煤层的起伏状态

如图31所示，在地面激发的地震波向下传播时遇到地层界面会产生反射波，反射波到达地面检波器的时间和地下反射界面的埋藏深度及地层的速度有关：埋藏深度深、地层速度小的到达时间晚，埋藏深度浅、地层速度大的到达时间早。因此，分析地面检波器接收到的反射波的信息就可以获得煤层的起伏状态。

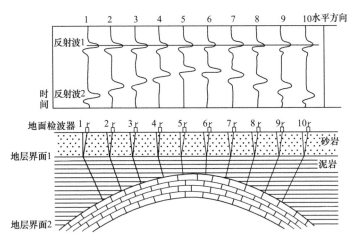

图31 三维地震勘探控制煤层起伏状态的原理

查明煤层中的断层、陷落柱和采空区

地下煤层连续变化时，地面接收到的反射波是连续的,如图 32 所示。当地下煤层因为种种原因出现错断、缺失时,地面接收到的由煤层反射回来的波也会有所反映,如图 33 所示。

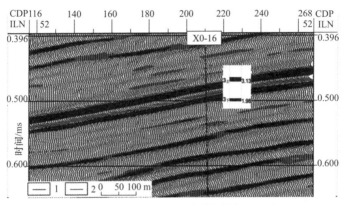

图 32 正常煤层在三维地震资料中的显示

煤层冲刷带精准识别

某煤矿十五采区煤层冲刷带发育,部分位置煤层甚至完全缺失,严重影响煤矿生产。如果能够在回采前精准识别煤层冲刷带,就可以优化采煤工作面布置,节约成本,提高回采效率,提升经济效益。在如图 34 所示的常规剖面中,15CS3 煤层冲刷带显示不清晰,难识别。但在谱分解剖面上、沿煤层谱分解切片上和沿煤层属性切片上,15CS3 煤层冲刷带显示清晰,识别精度和可靠性明显提高。

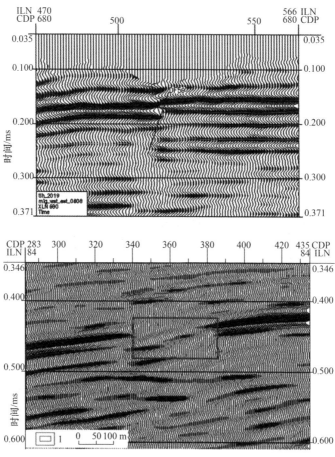

图 33　地质构造在三维地震资料中的显示

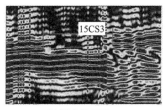

(a) 常规剖面

(b) 谱分解剖面

(c) 谱分解切片

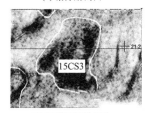

(d) 沿煤层属性切片

图 34　三维地震勘探识别煤层冲刷带

➡➡金属矿产资源勘探

　　面对矿产资源开采的现状，我国在矿产资源的开采中力图通过开采技术的改进提高开采的效率。在所有的矿产资源的开采中，有色金属矿产资源的勘探作为重要的组成部分，随着实际勘探形势的恶化以及科学技术的发展，其勘探方法得到了很大的改善。面对有色金属矿产资源勘探中基础使用方法的现状，针对方法使用中存在的问题进行分析，提出积极的改进之策才能为当前及今后有色金属矿产资源勘探的发展奠定基础。

❖❖❖金属矿产资源介绍

金属矿产资源是指经冶炼可以从中提取金属元素的矿物资源。金属矿产以各种形式存在于我们的生活中，无论是课堂上的教学设备，还是房间里的生活工具，随处可见它的身影。我们有时以为光彩炫目的金银饰品生来即是如此品质，然而一旦了解到它的来源就会发现，它的出身朴实无华，只是得到了科学技术的眷顾而已（图35）。

图 35　金银矿石样本

那么，你知道我们国家的金属矿产资源现状吗？

截至 2019 年底，我国共发现 173 种矿产资源，其中：能源矿产 13 种，金属矿产 59 种，非金属矿产 95 种，水气矿产 6 种。虽然我国金属矿产资源种类多、部分矿种品位高，但是，一些金属矿产资源现状并没有我们想象的那么乐观,这是因为:我国资源总量大,但人均占有量低,是一个资源相对贫乏的国家;贫矿较多,富矿稀少,开发利用难度大;共生、伴生矿床多,单一矿床少;分布范围广,地域分布不均衡。

正是因为这种现状,我们才不断地从国外进口需要的金属矿石,同时也在持续加大矿产资源的勘查力度,努力通过勘查方法技术革新和普查、详查范围拓展,"攻深找盲",进一步提高金属矿找矿靶区精度和高品位矿床数量。

❖❖金属矿勘探方法技术

在金属矿勘查过程中,地球物理勘探起到不可替代的作用。它以地下物质的物理性质(密度、磁性、弹性、放射性等)差异所引起的物理现象为研究对象,分别采用重力、磁法、电法、地震和放射性等不同物理方法和与之配套的仪器设备,探测天然或人工地球物理场的变化,再通过对这些变化进行研究分析,来推断和解释地质构造、矿产分布及人为因素在地下的各种情况。

金属矿勘查的一般流程:通过地球物理勘探等勘查技术方法取得深部控矿、容矿、含矿地质体或地质现象(岩体、地层、接触带、破碎带、火山机构、褶皱带、沉积盆地等)的信息。经过资料解释和定量反演,编绘成这些目标地质体(特别是深部目标地质体)的推断立体地质图。再根据成矿规律、成矿模式和矿产预测准则,推断立体地质图中可能存在矿床(矿体)的部位,最后通过钻探(或其他深部探矿工程)发现深部矿体。

金属矿的种类、成因、物理性质和赋存条件极其复杂,往往需要综合采用基于不同物理参数的多种物探方法开展工作,应用最广泛的是电法和电磁法勘探、磁法勘探、重力勘探和金属矿测井等。在海洋金属矿产资源探测中,主要采用重磁、电磁、地震勘探方法,并辅以多波束和声呐测量。

▶▶探灾治灾,服务安全地球

地质工程关系到社会生产生活各个方面,地质工程专业的培养目标是为国家的基础工程建设提供实干型专业人才,地质工程的工作场所是人类赖以生存的、复杂的地貌地质环境,因此成为与自然界面对面的合格技术人员的重要前提条件是尊重自然规律,心系工程安全,关爱生命安全,最重要的是服务地球安全,为"人-地"协调发展保驾护航。

➡➡地质灾害防治

地质灾害防治指的是通过有效的地质工程手段,改变这些地质灾害产生的过程,以达到减轻或防止灾害发生的目的,尽可能地减少生命和财产的损失。地质灾害防治途径主要有以下两点:一是防止致灾地质作用的发生,包括作用发生前的预防和发生中的制止;二是避免受灾对象与之遭遇,即移动受灾对象位置,改变致灾作用方向和隔绝两者遭遇通道。

滑坡的防治工作是一项较为复杂的整体性工作,主要内容包括滑坡预防和滑坡治理。预防就是做好周边环境的勘测工作,检测好技术数据,避免出现滑坡现象。治理就是在出现滑坡现象后进行有效的调整工作,做好拯救工作。滑坡的防治工作主要有以下两点: 一是消除和减轻地表水和地下水的危害,其目的是降低孔隙水压力和动水压力,防止岩土体的软化及溶蚀分解,消除或减小水的冲刷和浪击作用;二是改善边坡岩土体的力学强度,可通过一定的工程技术措施,改善边坡岩土体的力学强度,提高其抗滑力,减小其滑动力。常见措施有削坡减载、边坡人工加固等。

泥石流的发生具有暴发突然、迅速,破坏性大的特

地质类专业人才的使命担当

点。其产生的危害大于同等程度的其他类型单一的地质灾害,并在其形成、发生过程中伴生滑坡、崩塌等类型的地质灾害。泥石流防治应遵循"以防为主,防治结合,因地制宜,因害设防,突出重点,综合治理"的原则,采用"预防与治理相结合,工程措施与生物措施相结合,灾害治理与资源利用相结合"的减灾技术。具体防治措施包括以下几方面:工程措施,例如采用拦挡坝、谷坊、排导沟等工程措施,调整和疏导泥石流流通途径和淤积场地,减少灾害破坏损失(图 36);生物措施,通过植树育林、退耕还林或调整农业结构的方式减少水土流失;预警措施,对一些重要工程、基础设施等位置进行监测以及预警预报,并加强对这些地区的预警防护,有助于该地区的泥石流危害的控制,将损失降到最低;加强教育宣传,通过宣传来增加人们对地质灾害危险性的认识。

(a)排导槽　　　　　　(b)桥涵

图 36　鱼司通沟流域泥石流防治工程措施

在某种意义上,地质灾害已经是一个具有社会属性

124

的问题，成为制约社会经济发展和人民安居的重要因素。因此，地质灾害防治就不仅是指预防、躲避和工程治理，在高层次的社会意识上更表现为努力提高人类自身的素质，通过制定公共政策或政府立法约束公众的行为，自觉地保护地质环境，从而达到减少或避免地质灾害的目的。

➡➡地质环境治理

鉴于我国经济产业处于升级转型时期，国家高度重视对地质环境的整治和修复工作，加大资金投入支持，以期加快推进生态环境建设成效。因此，相关地区要提高对地质环境治理工程建设的重视程度，积极采取综合治理措施，提升环境工程建设品质，恢复生态宜居的生态环境，不断提高治理水平，践行国家提出的可持续发展战略。以下主要针对采空区、矿山以及采石宕口地质环境治理三个方面展开介绍。

❖❖采空区地质环境治理

矿山勘探和开采破坏了原生地形地貌，随着开采程度和开发深度的不断增加，在矿山地表下面形成采空区。采空区不仅会导致地面塌陷，影响矿山安全生产，还会破坏地下水资源平衡和土壤植被环境，对矿山和周边地区人民财产安全和生活质量造成损害，例如：诱发不稳定边坡、崩塌和地面塌陷等地质灾害；矿山采空区直接影响地下水环境，打破水循环的自然平衡，导致水量下降和水质恶化，造成矿区大量土地植被和森林耕地被破坏。因此需要对采空区地质环境进行恢复治理，在追求资源经济效益的同时，必须注重地质环境的保护与治理，追求矿产开发与环境的协调发展。

采空区地质环境治理措施有以下几个方面。

设计采空区底部围岩保护层：采空区长时间反复受到爆破震动的影响，在未经处理的情况下抽取矿柱会进一步增大暴露面积；长时间地压活动，会造成安全事故。因此应设计采空区底部围岩保护层。

实施采空区内部物料填充：矿山采空区内岩体破坏严重，形成复杂的空间结构，会形成透水和地压性质的灾害隐患，可以采用矿石开采后的尾砂和废石等废弃物进行填充，减少矿区灾害。

留设矿柱支撑采空区：如果矿山采空区地表上部存在后续工程设备或其他建筑物，采空区内围岩较为稳固、采矿规模不大，则可留设合适尺寸矿柱或人工假柱用于支撑采空区，维持采空区整体稳定。

隔离并封闭采空区：随着采矿工程的逐年进行，采空区体积不断增大,周围矿岩的塑性变形越来越强烈,如果已经引起地面下陷、开裂和位移等,为防止诱发大范围的采空区坍塌对周围地区环境和人身安全造成危害,需要对采空区采取隔离和封闭措施。

生态环境修复治理:针对矿山采空区水资源污染的问题,可采用物理法、化学法和生物法等改善水质。对于矿山采空区出现的土地资源污染问题,根据污染的严重程度,分别进行恢复治理。污染较轻的土壤依靠土壤自行修复能力完成土质恢复,污染较为严重的土壤则可采用化学法和生物法实现土质的恢复。

❖❖❖ 矿山地质环境治理

煤矿开采企业的频繁开采增加了矿山开采的不确定因素,造成大面积的环境污染,破坏了生态环境结构,严重威胁到人们的正常生活。在矿山开采过程中产生的大量废水未经处理就进行排放,造成周边农田土壤污染,废水中的混合物、有害元素污染了地表水和地下水,降低了水环境质量,影响了矿区及周边地区水质。同时,在矿山开采过程中产生了大量的矿渣废弃物,如废石、矿渣等,大面积堆放在采矿区,造成地表环境污染,占压土地和植被,降低了矿区的环境效益。

矿山地质环境治理措施有以下几个方面。

部分地区结合矿山地质环境实际情况，制订地质环境恢复治理方案和完善的综合治理技术路线，加强对矿区土地环境的保护，加强对废水、废渣的处置，结合需要回填的采坑大小对废渣进行回填处置。同时，注重矿区开采过程中土壤资源的充分利用，在矿区管理人员的指导下，将矿区表层的废土用以复垦，运用土地复垦技术和建筑物抗变形技术加强对被破坏土地的整治和利用，因地制宜地将治理区恢复为耕地、林草地、园地等，按照宜林则林、宜农则农原则对矿区土地进行规划，采用多元化的复垦方式进行生态恢复。

矿山生产主体企业应始终贯彻落实"在开发中保护，在保护中开发"的政策，坚持"谁开发，谁保护；谁破坏，谁恢复"，在设计规划阶段加强对矿山环境保护的专项设计，在采矿过程中加强对矿山环境的保护与动态评估，在采矿后加强对地质灾害影响区域的治理保护，通过引入科技手段、加强与科技力量合作等方式，科学评估地质环境影响情况，针对性给出治理恢复措施。

❖❖采石宕口地质环境治理

随着我国经济的飞速发展，采石场的数量和规模迅速扩大。众多破坏式开采的"小、散、乱"露采矿山，导致植被被毁、土壤破坏、山体破损、岩石裸露、生态系统功能丧失等一系列生态环境问题。废弃采石宕口不仅自身彻底丧失水源涵养能力,而且绝大多数降水产生地表径流,使周边区域的水土流失压力加大,给周边环境和居民的生命财产安全带来严重的地质安全隐患。我国在进入21世纪后出现了一批生态修复的案例,如徐州市金龙湖东珠山采石宕口(图37)。

(a)生态修复前原貌　　　　　　(b)生态修复后现状

图37　徐州市金龙湖东珠山采石宕口修复前、后效果图

　　采石宕口的地质环境治理主要包括以下四个方面:一是地质安全调查、评估与除险,包括矿山地质环境遥感监测与环境评价、地质环境特征评价、地质灾害发育特征评价、采石边坡地质结构及稳定性评价,以及不同类型边坡工程治理、废渣工程治理等;二是植被重建,包括环境特征评价、种子库建设、植被群落类型与结构评价、植物根系固坡、松散堆体处理、植物种植等;三是景观规划与

建设,包括景观规划设计、功能与场地的分析设计、植物
种植规划设计、建筑规划设计、竖向规划设计等;四是修
复工程效果调查、评价,包括不同植被恢复措施评价、不
同植被恢复期的生物量评价、植被覆盖度评价、物种结构
与多样性和群落结构与特征评价。

➡➡ **国家基础设施建设**

　　工程地质的工作是认识世界,而地质工程是在认识
世界的基础上改造世界,我国地质条件异常复杂,20世纪
90年代以来,举世瞩目的三峡工程(图38)、黄河小浪底
水利工程、雅砻江二滩水电站、南昆铁路、京九铁路、港珠
澳大桥(图39)的建设,以及不可胜数的城市和高速交通
项目的实施,不仅积累了大量勘测工作实际经验,而且将
数理学科的新成就和高新技术及时吸收进来,使我国在
地质工程领域达到现代科技水准,进入世界先进行列,并
逐渐成为国际工程地质界的重要成员。

　图38　三峡大坝枢纽　　　　图39　港珠澳大桥

地质工程领域是以自然科学和地球科学为理论基础,以地质调查、矿产资源的普查与勘探、重大工程的地质结构与地质背景涉及的工程问题为主要对象,以地质学、地球物理和地球化学技术、数学地质方法、遥感技术、测试技术、计算机技术等为手段,为国民经济建设服务的先导性工程领域。国民经济建设中的重大地质问题、所需各类矿产资源、水资源与环境问题等是社会稳定、持续发展的条件和基础。地质工程领域正是为此目的而进行科学研究、工程实施和人才培养。地质工程领域服务范围广泛,技术手段多样化,目前,从空中、地面、地下、陆地到海洋,各种方法、技术相互配合,交叉渗透,已形成科学合理的、立体交叉的现代化综合方法和技术。

20 世纪 50 年代以来,中国地质工程领域从初期的一片空白,发展到今天成为一门内容丰富、理论体系严谨、具有中国特色的综合性学科,发展之迅速是惊人的。当前我国经济建设任务艰巨,新型城镇、新型铁路、高速公路的建设,黄河的治理,西南水电资源的开发,南水北调工程,海峡通道工程等,为地质工程学研究开拓了美好前景。让我们加倍努力,把我国地质工程学推向世界高峰。

▶▶ **探水用水，服务美丽地球**

水，是我们生命的源泉，是人类赖以生活和生产的不可缺少的宝贵资源。地下水是水资源的重要组成部分。

地下水具有广义和狭义两种概念。广义的地下水指赋存于地面以下岩石空隙中的水。狭义的地下水仅指赋存于饱水带岩石空隙中的水。自然界的岩石、土壤均是多孔介质，它们的内部不是完全密实的，其中有的含水，有的不含水，有的虽然含水却难以透水。通常把既能透水又饱含水的多孔介质称为含水介质，这是地下水存在的首要条件。含水层是指能够透过并给出相当数量水的岩层。隔水层则是不能透过并给出水，或透过和给出水的数量微不足道的岩层。地球上可以供人类利用的水资源是有限的。随着人口增长、人民生活水平提高和社会经济发展，水资源消耗量剧增，造成了可用水资源减少。这有限的水资源还受到不同程度的污染。在一定的空间和时间范围内，由于自然原因（如气候、河流分布）或人为原因（如使用不合理、污染和浪费），水资源不仅有限，还可能枯竭。所以，探水找水也就成了一项迫在眉睫的工作。

➡➡地下水的开发利用

在生态系统中,地下水不仅是人类赖以生存的重要水资源,也是"山水林田湖草"生态系统的关键环境要素,在保障城乡居民生产生活、支撑经济社会发展和促进生态文明建设方面具有不可替代的作用。

随着工业生产的高速发展,我国对地下水资源的依赖逐步增强。然而,地下水当前面临着超采和污染的突出问题。地下水超采会导致大范围的地下水水位持续下降,引发地面沉降、河流干涸、湿地锐减、植被退化、海水入侵、土地沙漠化等一系列严重的地质、生态、环境问题。同时,污染的问题日益突出,地下水污染对环境和经济发展的影响也日趋显露。《全国地下水污染防治规划(2011—2020年)》中提到,我国地下水污染面积在不断扩大,城市周边地区的地下水也受到了威胁,污染的深度也由浅层向深层逐渐渗透。当前我国地下水的污染问题非常突出,全国大范围的地下水基本都受到了不同程度的污染。主要超标指标为总硬度、锰、铁、溶解性总固体、"三氮"、硫酸盐、碘化物、氯化物等,个别地区还存在砷、六价铬、铅、汞等重金属超标现象,对人的健康造成很大的威胁。

地质类专业人才的使命担当

随着社会经济的发展，人类活动对地下水环境的影响日益加剧，地下水遭受污染的程度和范围不断扩大。

利用优质矿区地下水作为生态补水水源改善云龙湖自然水景观

云龙湖是徐州市重要的景观生态湖，是徐州市委市政府着力打造的城市名片，其水质直接关系到徐州市区的水环境生态质量及城市形象。由于近年来缺乏可靠、优质的补给水源，云龙湖水质受到一定程度影响。在早期，湖区水质只能达到地表水Ⅲ～Ⅳ类水质标准，且再提升将存在很大困难；新河煤矿的矿井排水曾作为市区居民的优质饮用水源，每天向市区供水约 3 万立方米，解决了市区西部 5 万户居民的饮水问题。但新河煤矿于 2009 年正式闭坑后，矿区地下水位逐渐上涨至淹没老巷道，矿井排水中的铁、锰等个别指标受到影响，已不再适合作为生活饮用水源向市区供水，但依据相关地表水环境质量标准，将新河矿井排水作为地表水体进行评价，其水质达到地表水Ⅰ类水标准，作为非饮用水用途的云龙湖生态补水水源是非常优质的。

通过与徐州市水利局、徐州市城区水资源管理处合作，新河矿井水每天外排向云龙湖 3 万立方米（地表水Ⅰ

类水标准),显著提升了云龙湖水体的水质,改善了市区水环境质量,实现了云龙湖水体水质常年稳定达到地表水Ⅲ类水标准,局部水域达到地表水Ⅱ类水标准(图40)。

图40 生态补水后的云龙湖水景观

新河矿井水在向云龙湖补水的同时,还兼具向玉带河景区彭城欢乐大世界观光河道补水的功能,实现活水的灵动,打造优美的水环境和优秀的旅游景观,全面提升玉带河旅游景区的品位,为徐州市建设绿色生态城市发挥了重要作用。另外,对新河矿井水的消耗利用促进了新河矿区的地下水循环,逐步恢复了因新河矿闭坑引发的铁、锰超标的地下水水质。在保护周边地下水饮用水源的同时,逐步将其恢复并构建为徐州市的城区应急供水水源地,为保障徐州市城市饮水安全发挥了重要作用。新河矿闭坑矿井废水的综合生态治理,对徐州市其他矿区,以及北方缺水地区煤矿的污染评价与综合治理技术、

地质类专业人才的使命担当

什么是地质？

矿井水及地表水体生态补水等具有示范推广意义，以及显著的经济、社会、环境和生态效益。

利用优质岩溶地下水和矿泉水、地热水作为城市应急供水水源和饮用水源、供暖热源

三明市位于福建省中西部，经济较发达，地理位置优越，是中国优秀旅游城市，是一座新兴的工业城市。以往，其水资源开发利用以地表水资源为主。然而，近些年来，由于地表水污染和地质环境灾害，三明市城镇供水和生态环境保护面临困难，地下水的开发利用变得尤其重要。

三明市国土资源局与福建省煤田地质局等单位合作，在现场地质水文调查、实验及理论分析的基础上，遵循"流域与区域相结合、水质与水量相结合、近期与远期相结合、综合利用与保护相结合、经济与技术相结合"五原则，查明了三明市地下水资源状况，结合需水用户或供水需求将全区分为四个区：宜采区、限采区、尚难规划利用区、禁采区，并绘制了地下水资源开发利用区划图。

优质岩溶地下水可作为重要的应急地下水源地，主要分布在宜采区和限采区。三钢—列西、城关—富兴堡及台溪坂地带为宜采区，白沙地带为限采区；永安坑边、

益口、清水池—吓蛤地带为宜采区,大湖、坑边地带为限采区。一些区域由于地下水水质较好,水量中等,距城市需水区较远,防污性较差,因此,仅作为一般规划水源地,作为重点规划水源地的有益补充。主要开采形式为集中开采,部分地区如沙县、永安红层地区由于水量不大,建议作为分散型供水。具有经济价值的特殊水资源矿泉水可作为城市矿泉水开发;而地热水目前发现的主要为低温浅层地热水,可作为医疗疗养或农田养殖等用途,从而大幅提升绿色新能源、绿色经济。三明地下水资源的评价利用及应急水源地规划工程不仅促进了三明市经济社会和谐发展,提高了城市应急供水水平和危急处理能力,同时,也践行了习总书记"绿水青山就是金山银山"理念,具有显著的社会、经济、生态和环境效益。

➡➡地下水环境保护

地下水污染治理可以说是一项世界性的难题。地质类地下水处理方向着力于地下水污染控制、地下水资源保护研究,致力于改善地下水资源以及提高地下水可利用率,为我国地下水污染修复事业做出研究贡献的同时,也促进了经济和社会的绿色和谐发展。

地质类专业人才的使命担当

常见的地下水处理技术有原位化学氧化/还原技术、地下水抽出处理技术、地下水修复可渗透反应墙技术、地下水监控自然衰减技术等。其中原位化学氧化/还原技术是向地下水的污染区域注入氧化剂或还原剂，通过氧化或还原作用，使地下水中的污染物转化为无毒或相对毒性较小的物质。化学氧化可处理石油烃、苯系污染物（苯、甲苯、乙苯、二甲苯）、酚类、甲基叔丁基醚、含氯有机溶剂、多环芳烃、农药等大部分有机物，而化学还原可处理重金属类（如六价铬）和氯代有机物等。地下水抽出处理技术根据地下水污染范围，在污染场地布设一定数量的抽水井，通过水泵和水井将污染地下水抽取至地面进行处理。地下水修复可渗透反应墙技术是在地下安装透水的活性材料墙体拦截污染羽状体，当污染羽状体通过反应墙时，污染物在可渗透反应墙内通过沉淀、吸附、氧化还原、生物降解等作用得以去除或转化，从而实现地下水净化的目的。地下水监控自然衰减技术是通过实施有计划的监控策略，依据场地自然发生的物理、化学及生物作用，包含生物降解、扩散、吸附、稀释、挥发、放射性衰减以及化学性或生物性稳定等，使得地下水和土壤中污染物的数量、毒性、移动性降低到风险可接受水平。

地下水监测和地下水污染防治是进行地下水环境保

护的重要手段。随着经济、社会的发展，为解决地下水污染的突出问题，我国关于地下水环境保护的措施在不断增进和完善。国家出台了多个与地下水污染防治紧密相关的政策，地下水监测管理与地下水污染修复工作急需大量人才。地质类专业具有水文地质、水环境化学、地下水污染等相关专业课程基础，可以到水利、能源、交通、城市建设、农林、环境保护等部门从事地下水资源开发、地下水污染防护治理以及相关的勘测、规划设计、预测预报、管理以及教学和科学研究工作，就业前景广泛。

全球气候变化和快速城镇化背景下城市暴雨洪涝成因驱动与响应机理

受季风气候影响，我国是一个洪涝灾害严重的国家，在全球气候变化的背景下，伴随着快速城镇化发展，我国城市洪涝灾害问题日益严重，成为我国城市防灾减灾体系中的短板和制约社会经济可持续发展的主要障碍。近年来，每逢雨季各地轮番上演"城市看海"景象，严重影响城市正常生产、生活。新形势下，如何科学认识城市水问题成为当前水文科学研究的重点方向，特别是变化环境下城市洪涝演变规律，未来发展趋势，内在成因机制和外部驱动因素，为城市防灾减灾提供基础科学支撑，为我国海绵城市建设提供理论依据。

在中国工程院重大战略咨询项目"我国城市洪涝灾害防治策略与措施研究"，国家重点研发计划重大自然灾害专项"我国城市洪涝监测预警预报与应急响应关键技术研究及示范"，国家自然科学基金项目"变化环境下城市洪涝成因机制及驱动因素量化评估"等项目的资助下，紧密围绕城市发展与区域水安全这一主题，结合典型示范区，利用理论分析、科学实验、统计分析、数值模型等技术方法，一些专家通过分析变化环境下城市暴雨洪涝演变规律，揭示城市暴雨洪涝的时空分布特征，辨析城市化发展对流域产汇流特性的影响机制，明晰城市承灾体脆弱性和城市洪涝成因机制，识别城市洪涝主要驱动因素及其致灾机理，为科学认识城市洪涝灾害问题提供支撑。

　　城市洪涝灾害日益严重是全球气候变化与高强度人类活动复合影响下城市水系统状态的一种极端响应，是多种自然、人文因素相互交织的结果，是城市洪涝致灾、孕灾环境与抗灾承灾能力失衡的结果。对城市洪涝灾害防治策略与措施的研究为夯实城市水文科学基础理论研究，加强城市洪涝灾害监测、预报和风险管理的科学基础，提升我国城市洪涝灾害综合防控科技水平，推动水文科学、气象科学、城市规划、应急管理、生态科学等多学科交叉与融合提供支撑。研究成果也将有效提高城市洪涝灾害的风险管理水平,通过典型城市示范应用,提高预报精度和应急管理水平,减少城市洪涝灾害损失,加快城市洪涝灾害监测、预报与管理体系的推广应用,有效提升国家城市水安全保障能力,同时也可以科学指导城市洪涝灾害防治与海绵城市建设、水生态文明建设,实现灾害防治与生态保护、经济发展并举,有效促进区域生态系统稳定和良性发展。

水资源是人类生活和经济发展必不可少的自然资源之一,水文与水资源工程专业主要培养在水资源勘查评价、规划管理、开发利用、监测保护和灾害防治等方面具有良好理论基础和专业技能的复合型人才。

水资源开发利用和管理存在着诸多亟待研究和解决的问题,如水资源短缺、持续利用和合理配置,水灾害防治,水污染治理,水生态环境功能恢复及保护等,水文与水资源工程专业正是解决这些问题的工程技术学科。

▶▶**融聚信息,服务智慧地球**

从研究方向上看,地球信息化、智慧地球等是当今国际科技发展和产业创新的重要增长点之一。首先,地球信息科学是解决地球问题的前沿科学。地球科学相关领域长期并正爆炸式地积累着多源和多维地学数据,其集成融合、关联分析与智慧利用，是当今地球科学发展的迫切需求。在当今发达国家，地球信息科学与技术已成为一门基础的前沿科学，体现了地球多学科间的相互渗透和综合。从 20 世纪 50 年代起，现代信息科学与技术逐渐打破了过去人为分割的局面，日益表现出开放性和交叉性，大量接受现代科学思潮的影响，与自然科学、社会科学以及思维科学的众多学科交叉融合，催生了一系列边缘交叉学科，使得传统的科学研究范式发生了根本性变革，而以地球为研究对象的地球科学正面临着前所未有的发展机遇和挑战。

中国科学院陈述彭院士展望 21 世纪的地球信息科学的发展，指出地球信息科学是解决困惑人类的资源、环境与人口三大科学问题的一种必要的手段和有效的方法。

在地球系统科学观的指导下，地球信息科学与技术不仅承载着充分利用和融合信息科学与技术、计算机科学与技术，对长期积累和不断增多的海量、多源、多维地学数据进行"深加工""深利用"的重大任务，而且在资源日益匮乏、环境渐趋恶化的巨大压力下，利用信息技术实现地球和全人类协调可持续发展，开拓出一条面向地球科学的多源信息整合研究之路，是维系和支撑地球生命系统活力的历史使命。

　　从地球信息科学学科的发展历程来看,地球信息科学每一次进步都会对地球科学的其他学科产生巨大影响,这也是其领先性的重要体现。19世纪前叶应用数学思想解决地质问题,直接促成了地质学学科的发展,进而产生了影响深远的地质统计学。而19世纪60年代电子计算机引发的信息科学与技术的出现,将地质学与数学、信息科学与技术相结合,迅速形成一门边缘学科——数学地质,这不仅促使地球科学界爆发了一场"计量革命",同时对地球系统科学和地质学的发展也产生了巨大的震动作用。如今,大数据、人工智能等新兴信息科学与技术更为地球科学研究开辟了新的发展途径,促进了地球信息科学学科的建立、成熟和完善。地球信息科学是推动地球科学走向国际前沿的原生动力。地球信息科学的研究推动了地球科学的发展。地球科学也是当今国际科学的核心前沿领域。随着地球科学信息化进程的发展,以地球科学和信息科学理论为基础,通过钻探、地球物理、地球化学、遥感等探测技术获得有关固体地球的信息,并利用地理信息系统、数据挖掘、大数据、人工智能等信息技术开展海量地球科学数据分析、融合和时空建模,是地球科学跨入大地球科学的根本途径,其研究代表着地球科学研究的最高水平。它是地球科学新的生长点，是一门运用基础理论和科学技术解决地球问题的前沿科学。

地球信息科学是推动智慧地球发展的驱动力。煤炭精准智能化开采的基础是透明地球探测技术和地学信息化技术，航空航天、深地深海开发无不以地球信息为基础，离开了地球信息，任何一种人工智能＋地球科学都将失去方向。为了在基于人工智能应用的工业革命中占领先机，世界各国先后提出了自己的人工智能战略规划。我国政府也高度重视人工智能发展，在"十三五"规划中从国家战略层面对人工智能进行部署。2017年7月8日，国务院印发《新一代人工智能发展规划》，确立了三步走战略目标。2018年4月，教育部印发了《高等学校人工智能创新行动计划》，明确提出大力建设人工智能学科，鼓励高校在原有基础上拓宽人工智能专业教育内容，形成"人工智能＋X"复合专业培养新模式，重视人工智能与其他文理科专业教育的交叉融合，鼓励高校开展人工智能学科建设。

从行业发展上看，"智慧矿山"建设是未来矿山发展的必然方向，而"智慧矿山"建设需要借助掌握工业互联网、区块链、新基建等新一代信息技术的新型"数字人才"，提升矿山生产效率，提高安全管控能力，实现高质量发展。

参考文献

[1] CASTRO-ALVAREZ F, MARSTERS P, DE LEÓN BARIDO D P, et al. Sustainability lessons from shale development in the United States for Mexico and other emerging unconventional oil and gas developers[J]. Renewable and Sustainable Energy Reviews,2018,82:1320-1332.

[2] DAI S F, JIANG Y F, WARD C R, et al. Mineralogical and geochemical compositions of the coal in the Guanbanwusu Mine, Inner Mongolia, China: Further evidence for the existence of an Al (Ga and REE) ore deposit in the Jungar Coalfield[J]. International Journal of Coal Geology, 2012, 98:

10-40.

[3] SEREDIN V V，DAI S F，SUN Y Z，et al. Coal deposits as promising sources of rare metals for alternative power and energy-efficient technologies [J]. Applied Geochemistry，2013，31:1-11.

[4] 戴金星. 近四十年来世界天然气工业发展的若干特征[J]. 天然气地球科学，1991(6):245-252.

[5] 窦江培，朱永田，任德清. 太阳系外行星的研究现状 [J]. 自然杂志，2014，36(2):124-128.

[6] 江怀友，潘继平，邵奎龙，等. 世界海洋油气资源勘探现状[J]. 中国石油企业，2008(3):77-79.

[7] 宋党育，袁镭，白万备，等. 煤地质学研究进展与前沿[J]. 煤田地质与勘探，2016,44(4):1-7.

[8] 童德琴. 人类与海洋的新连接:未来海洋城市及启示[J].中国海洋经济，2018(1):213-227.

[9] 杨慧，闾国年，盛业华.基于层次任务网络规划的分布式协同地理建模任务分解方法研究[J]. 测绘学报，2013,42(3):440-446.

[10] 吴伟仁,于登云. 深空探测发展与未来关键技术 [J]. 深空探测学报,2014,1(1):5-17.

[11] 赵靖舟.非常规油气有关概念、分类及资源潜力 [J].天然气地球科学，2012，23(3):393-406.

[12] 张雪松. 深空生活的未来堡垒[J]. 航天员, 2012 (6):34-36.

[13] 聂忠华. 泥石流地质灾害勘查和防治[J]. 有色金属设计, 2020, 47(2):81-83.

[14] 刘树才, 岳建华, 刘志新. 煤矿水文物探技术与应用[M]. 徐州:中国矿业大学出版社, 2005.

[15] 赵冬丽, 杨帅. 公路工程建设项目常见的地质灾害类型及防治措施[J]. 科技致富向导, 2012(8):25.

[16] 杨峰, 张燕江, 任恩. 泥石流防治模式初探[J]. 中国新技术新产品, 2014(4):189.

[17] 关凤峻. 加强地质环境保护 服务生态文明建设[J]. 中国国土资源经济, 2013, 26(5):4-9.

[18] 张进德, 郗富瑞. 我国废弃矿山生态修复研究[J]. 生态学报, 2020, 40(21):7921-7930.

[19] 石增红, 郝晓宇. 矿山采空区地质环境恢复治理模式创新研究[J]. 世界有色金属, 2020(23):145-146.

[20] 陈登洪. 废弃矿山地质环境综合治理浅谈[J]. 世界有色金属, 2021(1):193-194.

[21] 张建国. 矿山地质环境影响评估及治理恢复措施[J]. 世界有色金属, 2021(2):206-207,210.

[22] 汪演强. 工程地质学的教学改革研究[J]. 高等建筑教育, 2013, 22(3):91-94.

[23] 孟红锐. 崩塌滑坡泥石流灾害成因类型分析[J]. 资源信息与工程, 2016, 31(5):190,193.

[24] 贺顺吉. 露天煤矿采空区处理方案及安全措施[J]. 现代矿业, 2014, 30(5):119-121,180.

[25] 覃雪莲. 工程地质学的发展进程[J]. 科技创新与应用, 2012(22):317.

[26] 王文文, 孙文静, 孙慧, 等. 我国碳排放管控现状与未来展望[J]. 现代化工, 2021, 41(2):19-22.

[27] 高晓华. 造林绿化对生态环境保护的意义及对策研究[J]. 种子科技, 2020, 38(21):115-116.

[28] 陈剑, 慎乃齐. 地质工程专业复合型人才培养模式研究[J]. 中国地质教育, 2011, 20(1):18-21.

[29] 中国科学院油气资源领域战略研究组. 中国至2050年油气资源科技发展路线图[M]. 北京:科学出版社, 2010.

[30] 底青云, 王妙月, 付长民, 等. "地-电离层"模式电磁波传播特征研究[M]. 北京:科学出版社, 2013.

[31] WU Q L, GUO R X, LUO J H. Spatiotemporal evolution and the driving factors of PM$_{2.5}$ in Chinese urban agglomerations between 2000 and 2017[J]. Ecological Indicators. 2021, 125:1-13.

"走进大学"丛书书目

什么是自动化？	王　伟	大连理工大学控制科学与工程学院教授 国家杰出青年科学基金获得者（主审）
	王宏伟	大连理工大学控制科学与工程学院教授
	王　东	大连理工大学控制科学与工程学院教授
	夏　浩	大连理工大学控制科学与工程学院院长、教授
什么是计算机？	嵩　天	北京理工大学网络空间安全学院副院长、教授
什么是土木工程？		
	李宏男	大连理工大学土木工程学院教授 国家杰出青年科学基金获得者
什么是水利？	张　弛	大连理工大学建设工程学部部长、教授 国家杰出青年科学基金获得者
什么是化学工程？		
	贺高红	大连理工大学化工学院教授 国家杰出青年科学基金获得者
	李祥村	大连理工大学化工学院副教授
什么是矿业？	万志军	中国矿业大学矿业工程学院副院长、教授 入选教育部“新世纪优秀人才支持计划”
什么是纺织？	伏广伟	中国纺织工程学会理事长（作序）
	郑来久	大连工业大学纺织与材料工程学院二级教授
什么是轻工？	石　碧	中国工程院院士 四川大学轻纺与食品学院教授（作序）
	平清伟	大连工业大学轻工与化学工程学院教授
什么是海洋工程？		
	柳淑学	大连理工大学水利工程学院研究员 入选教育部“新世纪优秀人才支持计划”
	李金宣	大连理工大学水利工程学院副教授
什么是航空航天？		
	万志强	北京航空航天大学航空科学与工程学院副院长、教授
	杨　超	北京航空航天大学航空科学与工程学院教授 入选教育部“新世纪优秀人才支持计划”
什么是生物医学工程？		
	万遂人	东南大学生物科学与医学工程学院教授 中国生物医学工程学会副理事长（作序）
	邱天爽	大连理工大学生物医学工程学院教授
	刘　蓉	大连理工大学生物医学工程学院副教授
	齐莉萍	大连理工大学生物医学工程学院副教授

什么是食品科学与工程？

朱蓓薇　中国工程院院士
　　　　大连工业大学食品学院教授

什么是建筑？　齐　康　中国科学院院士
　　　　　　　　　　东南大学建筑研究所所长、教授（作序）

　　　　　　唐　建　大连理工大学建筑与艺术学院院长、教授

什么是生物工程？贾凌云　大连理工大学生物工程学院院长、教授
　　　　　　　　　　入选教育部"新世纪优秀人才支持计划"

　　　　　　袁文杰　大连理工大学生物工程学院副院长、副教授

什么是哲学？　林德宏　南京大学哲学系教授
　　　　　　　　　　南京大学人文社会科学荣誉资深教授

　　　　　　刘　鹏　南京大学哲学系副主任、副教授

什么是经济学？原毅军　大连理工大学经济管理学院教授

什么是社会学？张建明　中国人民大学党委原常务副书记、教授（作序）

　　　　　　陈劲松　中国人民大学社会与人口学院教授

　　　　　　仲婧然　中国人民大学社会与人口学院博士研究生

　　　　　　陈含章　中国人民大学社会与人口学院硕士研究生

什么是民族学？南文渊　大连民族大学东北少数民族研究院教授

什么是公安学？靳高风　中国人民公安大学犯罪学学院院长、教授

　　　　　　李姝音　中国人民公安大学犯罪学学院副教授

什么是法学？　陈柏峰　中南财经政法大学法学院院长、教授
　　　　　　　　　　第九届"全国杰出青年法学家"

什么是教育学？孙阳春　大连理工大学高等教育研究院教授

　　　　　　林　杰　大连理工大学高等教育研究院副教授

什么是体育学？于素梅　中国教育科学研究院体卫艺教育研究所副所长、研究员

　　　　　　王昌友　怀化学院体育与健康学院副教授

什么是心理学？李　焰　清华大学学生心理发展指导中心主任、教授（主审）

　　　　　　于　晶　曾任辽宁师范大学教育学院教授

什么是中国语言文学？

赵小琪　广东培正学院人文学院特聘教授
　　　　　武汉大学文学院教授

　　　　　　谭元亨　华南理工大学新闻与传播学院二级教授

什么是历史学？张耕华　华东师范大学历史学系教授

什么是林学？　张凌云　北京林业大学林学院教授

　　　　　　张新娜　北京林业大学林学院副教授

什么是动物医学？ 陈启军　沈阳农业大学校长、教授
　　　　　　　　　　国家杰出青年科学基金获得者
　　　　　　　　　　"新世纪百千万人才工程"国家级人选
　　　　　　高维凡　曾任沈阳农业大学动物科学与医学学院副教授
　　　　　　吴长德　沈阳农业大学动物科学与医学学院教授
　　　　　　姜　宁　沈阳农业大学动物科学与医学学院教授
什么是农学？　陈温福　中国工程院院士
　　　　　　　　　　沈阳农业大学农学院教授（主审）
　　　　　　于海秋　沈阳农业大学农学院院长、教授
　　　　　　周宇飞　沈阳农业大学农学院副教授
　　　　　　徐正进　沈阳农业大学农学院教授
什么是医学？　任守双　哈尔滨医科大学马克思主义学院教授
什么是中医学？ 贾春华　北京中医药大学中医学院教授
　　　　　　李　湛　北京中医药大学岐黄国医班（九年制）博士研究生
什么是公共卫生与预防医学？
　　　　　　刘剑君　中国疾病预防控制中心副主任、研究生院执行院长
　　　　　　刘　珏　北京大学公共卫生学院研究员
　　　　　　么鸿雁　中国疾病预防控制中心研究员
　　　　　　张　晖　全国科学技术名词审定委员会事务中心副主任
什么是药学？　尤启冬　中国药科大学药学院教授
　　　　　　郭小可　中国药科大学药学院副教授
什么是护理学？ 姜安丽　海军军医大学护理学院教授
　　　　　　周兰姝　海军军医大学护理学院教授
　　　　　　刘　霖　海军军医大学护理学院副教授
什么是管理学？ 齐丽云　大连理工大学经济管理学院副教授
　　　　　　汪克夷　大连理工大学经济管理学院教授
什么是图书情报与档案管理？
　　　　　　李　刚　南京大学信息管理学院教授
什么是电子商务？ 李　琪　西安交通大学经济与金融学院二级教授
　　　　　　彭丽芳　厦门大学管理学院教授
什么是工业工程？ 郑　力　清华大学副校长、教授（作序）
　　　　　　周德群　南京航空航天大学经济与管理学院院长、二级教授
　　　　　　欧阳林寒　南京航空航天大学经济与管理学院研究员
什么是艺术学？ 梁　玖　北京师范大学艺术与传媒学院教授
什么是戏剧与影视学？
　　　　　　梁振华　北京师范大学文学院教授、影视编剧、制片人
什么是设计学？ 李砚祖　清华大学美术学院教授
　　　　　　朱怡芳　中国艺术研究院副研究员